뇌과학자의 엄마, 치매에 걸리다

기억을 잃으면 그 사람은 '그 사람'이 아닌 걸까?

뇌과학자의 엄마,
치매에 걸리다

온조 아야코 지음
박정임 옮김

지호

의사가 아닌 뇌과학자로서 엄마를 바라보다

엄마가 65세에 알츠하이머성 치매Alzheimer's disease(알츠하이머병)라는 진단을 받았다.

엄마의 변화를 눈치 챈 지 10개월 후의 일이었다.

치매는 현재 치료약이나 치료방법이 없다. 게다가 '혹시 치매면 큰일인데.' 하는 두려움에 엄마의 치매 가능성을 외면하다 보니 병원에 가기까지 시간이 걸렸다.

나이가 들면 누구라도 치매에 걸릴 수 있다는 건 알고 있었지만, 내 엄마에게 그런 의심이 들었을 때는 세상이 끝나는 듯한 충격이었다. 뇌과학자이면서 왜 이런 일이 일어나지 못하게 막지 못했을까, 나는 대체 무엇을 위해 지금까지 뇌 연구를 해왔던 걸까, 하고 괴로워하기도 했다.

하지만 일단 의사의 진단을 받고 현실을 인정하고 나자, 비록 우여곡절을 겪기는 했어도 엄마와 함께 생활하는 동안에 할 수 있는 일이 충분히 많다는 사실을 깨달았다.

함께 살고 있는 뇌과학자는 의사보다 훨씬 가까운 거리에서 환자를 접할 수 있다. 의사가 환자를 진료하듯 제삼자로서 '질환'을 바라보는 것이 아니라, 뇌과학자이자 엄마의 성격을 잘 아는 딸이기에 비로소 알 수 있는 변화가 있다. 마음의 동요는 있었지만 그럼에도 엄마의 모습을 관찰해서 어떤 행동이 나타나고, 그렇게 행동하는 원인이 무엇인지를 뇌과학자의 입장에서 이해하려고 시도했다.

엄마에게 어떤 변화가 일어나는지, 그 변화는 뇌 구조에서 볼 때 어떤 의미인지를 2년 반 동안 매일 일기를 쓰듯 기록하고 생각했다.

엄마를 '증례'가 아닌 철저하게 '한 인간'으로 보면서 '치매'라는 질병의 보편성에 다가가려고 시도했다.

'뇌에 어떤 변화가 일어나고 있을까?'라는 관점에서 엄마를 꾸준히 관찰하자 마침내 이해할 수 없었던 엄마의 행동이 뇌의 작용으로 보면 자연스러운 일이라고 생각하게 되었다.

점차 기억을 잃어가는 엄마를 기록한다. 그것은 '엄마가 할 수 없게 된 여러 가지 것들'에 직면하는 일이면서도 '엄마에게 남은 건 무엇인지'를 발견하는 과정이기도 했다.

객관적 사실로서의 치매는 기억에 장애가 생겨서 새로운 것을 기억하지 못하게 되는 질병이다. 이전까지는 손쉽게 해왔던 일을 못하게 되고 적절한 상황판단을 하지 못한다. 치매는 인간의 능력을 가차 없이 앗아가는 질병이라고 할 수 있다.

청소도 요리도 그토록 완벽했던 엄마가 아무것도 하지 않고 소파에 웅크리고 있다. 그렇게 좋아하던 합창단 연습에도 가려고 하지 않는다.

무엇이 가능하고 불가능한지의 관점에서 보면 엄마가 아닌 것 같아서 무서웠다. 하지만 엄마의 반응 속에는 여전히 변하지 않은 엄마의 모습도 있었다.

마침내 나는 인간의 '자기다움', 즉 정체성에 대해 생각하게 되었다. 결국 이런 질문이다.

사람은 이전에 했던 일을 못하게 되면 '자기다움'을 잃게 되는 걸까?

과연 그 사람의 기억만이 '그 사람다움'을 만드는 걸까?

나는 오랫동안 뇌의 작용 중에서도 특히 감정을 전문적으로 연구했다. 그것이 치매가 '그 사람다움'에 미치는 영향에 대해 생각지 못한 고찰을 하게 만들었다.

치매는 아주 천천히 진행된다. 인지기능은 천천히 저하되기 때문에 하나하나의 변화를 인식할 수 있었고, 또 그 변화에 익숙해지는 시간도 생각할 시간도 많았다.

그 고찰이 이 책의 내용이다.

미리 조금 얘기하자면, 치매에 걸렸어도 엄마는 엄마다움을 잃지는 않았다. 치매는 자기다움을 잃는 병이 아니었다.

이 책이 치매를 이해하는 데에 도움이 되길 진심으로 바란다.

차례

1

예순다섯 엄마가 알츠하이머성 치매에 걸렸다

엄마가 치매에 걸릴 리 없어

엄마가 치매에 걸렸다. 치매는 어느 날 갑자기 증상이 나타나는 게 아니라 서서히 아주 서서히 변화가 나타나는 병이다.

2015년, 벚꽃이 필 무렵이었다. 마당의 벚나무가 예뻐서 '올해는 친구들을 불러 꽃놀이를 해야지.' 하는 생각으로 매일 지켜보며 적절한 때를 기다리고 있었다. 그러던 어느 아침, 엄마가 2층의 내 방으로 달려오시더니 "어머, 오늘은 벚꽃이 만개했어!" 하고 외쳤다.

잠에서 덜 깬 눈을 비비며 벚꽃을 보러 마당으로 나와 보니 한 그루의 가지 하나는 정말로 벚꽃이 활짝 피어 있었다. 하지만 나무 전체로서는 잘해야 절반 정도 핀 상태.

'만개…… 라고?'

갑자기 나는 마당에서 혼자 안개에 휩싸인 기분이 들었다.

그것이 치매의 시작이었는지는 확실하지 않다. 가장 기억나는 일은 엄마가 손을 뒤통수에 대는 모습이다. 멈춰 서서 "그거……." 하며 오른손으로 뒷머리를 누르더니 거칠게 벅벅 긁는다. 언제부터였을까, 적어도 2015년 1월 즈음에는 그 모습을 자주 봤던 기분이 든다. 머릿속에 안개가 차올라서 혼란스러운 걸 손으로 막아보려는 것 같았다.

난감해한다는 건 눈으로 봐도 충분히 알 수 있어서 "무슨 일이야?" 하고 물으면, "아무것도 아니야. 뭐였더라." 하고 엄마는 얼버무리며 웃었다. 나도 마음속에 뭔가 이상하다는 불안감이 차오르는 걸 모른 체했다. 엄마는 하루에도 몇 번이나 멈춰 서서 머리를 긁적였다. 그럼에도 나는 병원에 갈 만한 일은 아니라고 몇 번이고 자신에게 되뇌었다.

'설마, 우리 엄마가.'

'제발 착각이었으면.'

나는 뇌과학을 연구했다. 치매가 어떤 병인지 의학적으로 알고 있었고 치료는 빠르면 빠를수록 좋다는 것도 알고 있었다. 하지만 가장 가까운 존재인 엄마가 그럴 리가 없다는 막연한 믿음을 갖고 있었다. 결국 뒤통수를 긁적이는 모습에 이상함을 느낀 후로도 병원에 가기까지는 열 달 가까이 걸렸다.

열 달은 부정하는 시간이었다. 엄마는 분명 집안일도 바깥

일도 척척 해내는 사람이었는데 점점 그렇지 못한 사람이 되어갔다. 이전이라면 간단하게 해낼 일에 당황하는 엄마의 모습에 '그까짓 일을 못할 리가 없는데.' 하며, 나도 아버지도 이해하지 못했다. 아마 엄마 자신도 이해하지 못했으리라. '그까짓 걸 못하다니 어떻게 된 거야?' '지금 왜 그걸 하는 거야?' '왜 그렇게 기운이 없어?' 하며 매번 무의식적으로 엄마를 책망했다.

엄마의 실수는 화를 낼 만한 실수는 아니었다. 예컨대 무언가를 하다가 갑자기 멈춰버리는 일, 평소에는 미소시루에 무를 넣을 때 직사각형으로 납작썰기를 했는데 갑자기 반달썰기를 했던 일, 난 엄마가 가르쳐준 대로 했을 뿐인데 "그런 걸 하다니 대단하네!" 하고 오히려 엄마가 놀랐던 일, 그런 사소한 '물음표'가 우리를 불안하게 만들었다.

우리에게 엄마는 '지금까지와 똑같은 사람'이 전제였다. 그 전제에서 벗어나는 일이 일어나면 "응?" "왜?" 하고 단순하게 반응했다.

변해서는 안 돼, 병이라니 있을 수 없는 일이야 하고 말하듯이.

'엄마는 끝까지 엄마'라고 전제하는 것은 어느 정도 당연한 일이고, 그렇지 않은 모습에 놀라는 것도 어쩔 수 없는 부분이 있다고 생각한다. 하지만 그 전제는 옳지 않았다. 그로 인해 엄마는 점점 기운을 잃었고, 웃음을 잃었으며, 창백한 얼굴로 조용히 의자에 앉아 있는 일이 잦아졌다.

그리고 이따금 "이제 이곳에는 내가 있을 곳이 없어."라는 말을 하며 짐을 꾸리는 일조차 있었다.

"왜 갑자기 나가려는 거야?"

"가족들이 나를 부정하잖아."

나는 태어나서부터 계속 부모님과 살았다. 2007년에 대학원에서 박사학위를 취득했고, 일본에서 받을 수 있는 교육과정을 마친 후에는 계속 프리랜서로 일해왔다. 오스트레일리아에서 석 달간 유학을 해보기도 했고, 기업과 함께 뇌과학 연구를 진행하기도 했으며, 번역을 하고 글을 쓰는 등 여기저기를 어슬렁거리며 불안정한 생활을 해왔다. 집안일은 전부 엄마가 해주었고, 나는 내게 자양분이 되고 자극이 되는 '바깥' 세상을 우선시했다. 요리, 빨래, 청소, 장보기는 일절 방치했다. 관심 분야를 철저하게 공부하고 그 성과를 확실하게 활용해서 언젠가 좋은 직업을 갖겠다는 막연한 꿈만 꿔왔다.

그러다가 엄마의 변화와 때를 맞춘 것처럼 2015년에 내 직업에도 변화가 생겼다. 한 대학에서 9월부터 한 학기 동안 뇌과학 수업을 매주 1회, 외국인 유학생들에게 맞춰 영어로 진행하게 되었다. 직업상의 일대 기회가 왔다고 생각했다. 다른 대학에서 일본어로 강의한 적은 있었지만 이번에는 나보다 영어 실력이 뛰어난 원어민에게 영어로 수업을 해야 한다.

영어 실력이 부족해서 즉흥적인 강의를 할 수 없었던 나는 매주 일인 연극 같은 대본을 써서 전부 외워 강의하는 방법밖에 없었고, 당연히 수업 준비에 쫓겼다. 게다가 원고 청탁도 틈틈이 들어왔다. 시간에 쫓기는 생활이 힘들기는 했지만, 지금까지 부모님에게 의지하며 공부해왔던 시간들이 마침내 열매를 맺기 시작했다고 생각했다. 이전에는 "너, 일하니? 어떤 일이야?" 하는 질문에 제대로 대답하지 못했지만 이제야말로 당당하게 대답할 수 있었다.

하지만 엄마에게 "대학에서 영어로 수업을 하게 됐어." 하고 알렸을 때 엄마의 반응은 의외였다. "어머, 그래? 대단하네!" 하고 놀라기는 했지만, 매주 수업이 있는 날이면 "오늘 어디 가니?" 하고 물으셨고, "수업 있어." 하고 대답하면, "너, 강의하니?" 하고 되묻는 바람에 처음부터 다시 설명해야 했다.

부모님께 그렇게 많은 도움을 받았는데, 마침내 결실을 보게 된 상황을 엄마는 영원히 알 수 없게 된 걸까. 공부만 하던 내가 자립을 하고 부모님은 드디어 두 분만의 즐거운 노후를 즐긴다는 인생 계획이 이 순간에 무너져서는 안 된다고 생각했다. 그래서 엄마의 상태를 보려 하지 않았다. 나 자신에게만 집중하고 싶었다.

하지만 엄마는 그해 가을에는 이미 요리를 하지 않게 되었다. 청소도 하지 않았다. 그래서 내가 방에 처박혀 일하고 저녁 시간이 돼서 배고파 거실로 나가도 식사 준비는 되어 있지 않았다. 이전에는 정확한 시계처럼 저녁 6시가 되면 "밥 먹어!" 하고 부르셨을 터였다.

편의점 도시락과 외식이 이어졌다. 매일 그러다 보니 금전적으로도 괜찮을지 불안할 정도였다. 무엇보다 밖에 나가는 일이 번거로워서 엄마에게 “지금 일이 엄청 많아. 밥 좀 해주면 안 될까?” 하고 부탁하면, “이미 먹었잖아!” 하고 없는 말을 했다. 먹었다고 우기는 엄마와 귀찮아진 내가 식사를 포기한다고 해도 아버지를 위해 누군가는 준비해야만 했다. 나는 몇 번이나 소리쳤다.

“제발, 엄마. 정신 좀 차려봐!”

하지만 상황은 조금도 나아지지 않았다. 엄마는 마침내 취미였던 합창단 연습조차 하지 않았다. 웃는 일도 없었다. 오늘이 몇 월 며칠인지, 여름인지 겨울인지도 알지 못했다. 엄마는 치매에 걸리셨어. 그렇게 더는 나 자신을 속일 수 없게 된 것은 2015년 11월이었다.

지금 그 순간을 돌아보면 괴로움이나 기쁨 등의 감정이 선명하게 되살아난다. 그 가을은 인생에서 모든 감정 하나하나를 짙게 느낀 듯한 시기였다. 내가 마침내 현실을 보게 되었던 가을.

병원에 갈 결심을 하다

그럼에도 병원에 가기가 두려웠다. 병원에서 확실한 병명을 진단받게 된다고 해도 좋을 건 하나도 없을 것 같았다.

내가 갖고 있던 뇌과학 지식에 비춰볼 때 엄마는 치매로 보였다. 치매라고 한다면 현재로서는 완치 가능한 약은 없다. 그런 상황에서 병명만 알아봐야 무슨 도움이 될까.

밤이 되면 앞으로 진행될 과정을 몇 차례나 머릿속으로 그려보고는 두려움에 떨었다. '인격이 변하면 어떡하지?' '심각한 망상이 일어나면 어떡하지?' '가족도 못 알아보면 어떡하지?' '난 엄마에게 얼마나 많은 시간을 써야 할까?' '아버지도 얼마 전 퇴직하셔서 이제 간신히 두 분이 이곳저곳 여행도 하시면서 느긋하게 즐겁게 지낼 수 있게 됐는데.' 하는 생각에 거의 매일 이불 속에서 울었다.

치매에 대한 논문을 제대로 조사해볼 수도 없었다. 위키피디아(2001년에 만들어진 온라인 백과사전으로 세계 200여 개의 언어로 제공된다. 사용자들의 자유로운 참여로 정보가 제공되며 비영리단체인 위키미디어재단이 운영하고 있다.-옮긴이)조차 읽어보기가 겁났다. 한번 열어본 적이 있는데 '거동불가' '사망' '배회' 같은 단어들이 날아들었고 순간 노트북을 거칠게 덮어버렸다. 엄마에게 일어난 일이 되자 치매 환자의 평균수명조차 담담하게 찾아볼 수 없었다.

하지만 계속해서, 예전에는 일어날 리가 없던 일들이 눈에 보였다.

예전에는 내가 힘없이 집에 돌아오면 표정을 보자마자 '무슨 일이 있었구나.' 하고 바로 알아채고 이야기를 들어주시려고 했다. 하지만 지금은 마치 내게 전혀 관심이 없는 것처럼 멍하니 텔레비전을 응시하며 거실 소파에 앉아 있다.

엄마 친구분들도 "뭔가 좀 이상한 일이 있었어." 하며 어렵사리 이야기를 전해주시기도 했다. 그분들도 좀처럼 말을 꺼내지 못한 채 꽤 긴 시간을 보낸 듯했지만, 현실의 무게를 이기지 못했던 모양이었다.

엄마와 함께 합창단 연습에 다니시는 친구분이 엄마가 늘 다니던 지하철역에서 길을 잃고 혼란스러워하는 모습을 보고 안타까워하며 '뭔가 공황장애 같은 게 생긴 모양이야.' 하고 내게 문자를 보내주셨다. 집으로 가는 전철을 탄 후에도 밖이 어두울 때는 "다음은 어디지?" "아직 안 왔나?" "지나친 건 아닐까." "여긴 어딜까." 하며 내려야 할 역을 몰라 불안한 나머지 수차례나 물어보셨던 모양이다.

친구분은 내게 그 사실을 알려주면서도 "나도 우울증 같은 게 온 적이 있었어. 일시적인 거고 누구나 그런 시기가 있는 거야. 금방 진정될 거야." 하며 달래주셨다.

하지만 나는 공황장애와는 다른 무언가를 느꼈다. 엄마가 엄마로 존재하는 것과 관련된 문제가 발생한 것처럼 느껴졌다.

'어떡해, 알츠하이머병일지도 몰라.'

뇌과학을 공부했던 친구들에게 상담하자 그들의 의견은 이랬다.

"알츠하이머병 증상은 다른 원인으로 생기는 경우도 있어. 뇌혈전증Cerebral thrombosis(경화된 뇌의 동맥에 혈전이 생겨서 혈관을 막아 생기는 병. 고혈압, 당뇨병, 고지질 혈증 등의 질병을 가진 사람에게 일어나기 쉬우며, 얼굴과 손발의 마비, 언어 상실증, 의식 장애 등의 증상을 보인다.-국립국어원 표준국어대사전)에서도 비슷한 증상이 나타나는 경우도 있고. 그럴 경우 생명과 관련된 일이니 여하튼 검사를 받아보는 편이 좋아. 일시적인 증상으로 치료가 된다면 다행인 거고, 어쩌면 착각한 걸 수도 있잖아. 정말로 우려했던 병이라고 해도 진단을 받으면 할 수 있는 일이 분명해져."

"당연히 과학자보다 의사가 치료에서는 전문가야. 치료법이나 약이 있을 수도 있고 다른 환자의 사정도 들을 수 있지 않을까."

그 친구들에게 만약 자신의 부모님 일이라면 치료법이 없어도 병원에 가겠느냐고 물어보았다.

"치료법이 없다는 것과 할 일이 없다는 것은 다르잖아? 게다가 상상과 실제는 달라. 여하튼 확정되면 보이는 풍경이 달라질 거야. 혼자 막연하게 생각하는 것보다는 훨씬 나아!"

그렇게 등을 떠밀려 간신히 병원에 갈 수 있었다. 그때까지 나와 아버지는 똑같은 심정이었을 것이다. 앞으로 어떻게 진행될지 두려워 견딜 수 없었으며 아버지와 내가 엄마를 '이상하다'고 단정 짓는 일에도 저항감이 있었다. 그래서 나는 아버지에게, 아버지는 내게, 엄마에 대한 의문을 말할 수 없었다.

하지만 그것도 한계에 이르렀고 내가 병원에 가자고 하자, 아버지는 "그래, 가자."고 말씀하셨다.

진단 결과는 알츠하이머성 치매

병원은 질병의 종류와 상관없이 여전히 대기시간이 길었다. 대기실에서 주위를 이리저리 둘러보니 휠체어에 앉은 사람이 보였다. 점적주사를 맞으며 들것에 실려 지나가는 사람도 있었다.

만약 엄마가 다리가 아팠거나 내과 수술을 받아 휠체어 생활을 하게 되었다면? 삶은 무척 변할 것이다. 내가 집안일을 떠맡게 될 것이다. 기억력이나 인지력 저하로 집안일을 못하게 되는 편이, 몸을 움직이지 못해서 못하게 된 것보다 나쁠까? 그뿐 아니라 만약 어떤 질병이나 사고로 갑자기 돌아가시게 된다면? 치매라고 해서 더 심각한 기분이 드는 건 왜일까? 치매라서 더 나쁜 건 뭘까? 적어도 엄마는 활동할 수 있으며 신체는 건강하다. 다른 병으로 이곳에 있는 저 사람도 이 사람도 분명 '아, 이 상태만 아니었다면 좋을 텐데.' 하고 생각할 것이다.

그렇다면 뇌의 질병과 신체의 질병에 차이는 없는 걸까? 병에 안 걸리는 사람은 없다. 모두가 제각각 힘들고 또한 힘겹다. '고충'의 무게는 분명 같을 터이니 치매라고 해서 특별히 불행하게 생각할 필요는 없지 않을까? 하지만 엄마가 앞으로 안고 갈

고충은 대체 어떤 성질의 것일까? 기억이란, 지성이란 대체 뭘까? 내가 가진 뇌과학 지식이 점점 작게 느껴진다.

병원 냄새는 소독약과 환자가 발산하는 공포의 냄새라는 말을 들은 적이 있다. 사람들 제각각이 발산하는 불안과 공포로 가득한 대기실에서 나도 갖가지 생각을 했다. 옆에 앉은 엄마는 "아직 멀었니?" "다음은 몇 번이니?" 하며 끊임없이 자신의 대기 번호를 확인하고 계셨다.

결국 그날은 '오늘은 며칠입니까?' '여기에 있는 물건을 기억해주세요.' 같은 문제에 대답하는 기억력과 인지력 테스트, 혈액검사, 뇌구조검사 등의 검사만 받았다. 다음 날에 다시 한 번 병원에 와서 SPECT(단일광자방사형컴퓨터단층촬영. 체내에 소량의 방사성동위체를 투여하고 거기에서 방출되는 γ선을 검출하여 분포상황을 영상화하는 단층촬영법이다.-옮긴이)라는 뇌기능검사를 했고 일주일 후 결과가 나왔다. 병명은 알츠하이머성 치매.

막상 병명을 듣고 나니 '역시' 하고 생각할 뿐이었다. 치매라는 확신이 든 상태에서 더는 어떻게 해야 할지 몰라 병원에 간 탓도 있으리라. 다른 가능성이 완전히 사라지자 '그래, 맞구나.' 하며 오히려 마음이 편해지는 느낌이었다. 엄마도 움찔하고 몸을 움츠렸을 뿐 "네……." 하며 차분하게 이야기를 듣고 계셨다.

의사의 말을 단적으로 정리하면 '완치는 안 되지만 신경세포들 간의 정보전달을 원활하게 하고 신경세포를 보호해서 진행을 늦출 가능성이 있는 약이 있으니, 그 약을 먹을 것.'과 '약 처방 외에 병원에서 달리 치료할 것은 없으니 몸을 건강하게 하고 인생을 즐겁게 하는 일을 늘리는 방법밖에 없다.'였다. 간결한 병이었다. 친구 말처럼, 일단 병명이 명확해지자 할 수 있는 일이 정해졌다.

병원에서 약을 받는다. 그다음은 엄마가 어떤 일을 어려워하는지 등 의사가 보지 못하는 생활 속 증상을 유심히 관찰해서 그 이유를 알아내고, 엄마가 즐거워하는 일을 찾아 생활을 개선하는 것뿐이다.

예전의 엄마는 단 1분도 가만히 앉아 있는 시간이 없을 정도로 활발하고 사교적인 사람이었다. 취미도 많았다. 그런 사람이 알츠하이머병에 걸린다니 질병은 참 무자비하다. 세간에서는 무기력하게 늘어져 있으면 치매에 걸린다거나 치매 방지를 위해 취미를 가져야 한다는 등 자신이 무언가 노력하면 알츠하이머병에 걸리지 않는다고 생각하는데, 엄마의 잘못 따위가 아니었다. 사람이 조절할 수 없는 부분이다.

엄마는 어떻게 대처해야 할지 아무도 모르는 병에 걸렸다. 그러니까 더더욱 엄마에게 도움이 될 일을 내가 직접 찾아가며 쌓아가는 수밖에 없다. 그렇게 각오했다. 지금까지 부정하고 외면했던 것들을 똑바로 응시하자. 그렇게 하면 뭐든 찾아낼 수 있을 것이다. 그것이 내가 할 수 있는 일이며, 할 수 있는 일은 앞으로도 계속 있으리라.

치매라는 진단을 받기 전에는 비참한 미래를 그렸지만, 막상 진단을 받고 나니 여유가 생겼다. 어제의 엄마와 오늘의 엄마는 연속선 상에 있을 뿐 갑자기 다른 존재가 되는 것이 아니다. 치매 진단을 받았다고 돌연 아무것도 못하게 되는 것도 아니다. 인지력은 서서히 저하되며 우리에게 시간은 충분히 있다.

병명이 확인되자 안도한 사람은 나뿐만이 아닌 듯했다.

엄마는 혼란스러워하지 않았고 안심한 표정이었다. 사실은 처음 병원에 가자고 했을 때 엄마는 "아무것도 걱정할 것 없어. 문제가 있으면 내가 가장 먼저 알아. 아직 괜찮아, 내버려 둬." 하고 거절하셨다. 하지만 그러면서도 엄마는 어느 날 "아야코, 이상해. 들어봐." 하고 머리를 긁적이며 꿈 이야기를 하셨다.

"어제 이상한 꿈을 꿨어. 초등학교 운동회 때 했던 장대 바구니에 공 넣기 있잖니, 그걸 하고 있었어. 그런데 공도 바구니도 새까만 색인 거야. 많은 사람들이 하고 있었는데 이상하게 내가 공을 던지면 바구니가 아래로 휘익 내려가 버리는 거야. 다른 사람들이 하면 들어가는데 나만 아무리 던져도 바구니가 도망가서 그 까만 공이 안 들어가. 이상하지?"

자신이 말을 하거나 행동을 하면 어째서인지 목표를 벗어나 버린다. 있는 힘껏 하는데도 왜인지 늘 다다르지 않는다. 겉으로는 병을 부정해도 꿈속에서 엄마는 자신이 빗나가고 있음을 확실히 느끼고 있었다.

꿈은 자신의 맹점을 보여준다고 한다. 낮에는 '나는 병이 아니야.' '나는 이상하지 않아.' 하고 의식이 아무리 지우려고 해도 막연한 불안은 본인의 무의식 속에 쌓이게 되며, 의식이 잠드는 꿈속에서는 그 불안감이 확실한 형태로 드러나는 것이다. 병이라는 진단을 받았으니 이젠 자신의 현실을 부정할 필요가 없어졌다. 나는 그것이 엄마를 안심시킨 듯 보였다.

치매라는 결과가 나오자 사람들은 엄마의 '빗나감'에 대해 체념하거나 화내거나 당혹한 표정을 보이지 않았으며, '그런 빗나감이 나타나는 병'이라는 걸 받아들이자 엄마는 다시 조금씩 웃으시게 되었다.

확률 제로란
'절대로 일어나지 않는다'라는 의미가 아니다

대학교 때 한 교수님에게 이런 말을 들었다.

"확률 제로는 그것이 절대로 안 일어난다는 것을 의미하지 않는다."

의아한 말이어서 한동안 잊히지 않았다.

'치료 확률 제로'라고 하면 일반적으로는 '절대로 낫지 않는다'는 의미로 해석한다. 하지만 생각해보면 그건 사실이 아니다.

예컨대 '확률 6분의 1'이라고 했을 때 그 의미는 홀 케이크를

6등분했을 때 1조각을 연상하면 된다. 여기서 중요한 것은 '확률 6분의 1'이라고 했을 때 홀 케이크처럼 가능성 전체가 정의되고 그중 6분의 1만이 자신에게 해당한다는 의미다. 결국 확률을 계산하려면 홀 케이크처럼 전제되는 조건이 있어야 한다. 치매 치료에서도 아직 아무도 깨닫지 못한 어떤 조건이 있을 가능성이 있지 않을까.

후쿠시마 제1 원자력발전소 사고 역시 그곳은 안전하다는 전제 조건에서 세워졌지만, 이때 '15미터가 넘는 쓰나미가 존재한다'는 조건을 넣지 않았기에 미연에 폭발할 가능성을 남겼고 2011년 3월 11일 우리는 참혹한 결과를 맞이했다.

조건을 제한했을 때 확률을 계산할 수 있지만, 자연은 인간의 상정을 한참 뛰어넘기 때문에 인간이 모든 조건을 찾아내는 건 불가능하다. 그래서 확률 제로는 '절대로 일어나지 않는다'를 의미하지 않는다. 그리고 인간의 몸 역시 자연이다.

뛰어난 과학자는 모든 것을 아는 사람이 아니라 지식에 한계가 있다는 사실을 아는 사람이다. 나는 과학자지만 엄마의 병이 '낫지 않는다'라는 말에 휘둘려 우울해하기도 하고 초조해하기도 했다. 우리 인간이 알고 있는 건 극히 일부분이기 때문에 '그까짓 확률 제로'라며 의연해야 했던 것이다.

2

알츠하이머성 치매는 어떤 병일까

알츠하이머성 치매란 대체 무엇일까. 어떤 증상이 나타나고 원인은 무엇일까.

본인과 가족은 하나하나의 증상을 어떤 식으로 느낄까. 본인과 가족이 할 수 있는 일은 대체 무엇일까. 우리 가족이 겪었던 구체적인 시행착오에 들어가기 전에 알츠하이머성 치매에 대해 현재까지 알려진 객관적인 사실을 정리해두고자 한다. 질병에 대한 객관적인 지식을 갖고 문제를 확실하게 알아두면 내가 병원에 가기까지 겪었던 불필요한 공포를 느낄 필요는 없어질 것이다.

치매의 종류, 현재까지 알려진 발병 메커니즘 그리고 치료법이 없는 이유 등의 객관적인 사실을 간단하게 파악해서 먼저 알츠하이머성 치매의 전체상을 그려보자.

치매의 종류

치매라는 질병에는 사실 다양한 원인과 증상이 있다.

치매 중에서 가장 많은 유형은 엄마와 같은 알츠하이머성 치매다. 하지만 그 외에도 루이소체 치매Dementia with Lewy Bodies, 혈관성 치매Vascular dementia 등이 있다. 이들은 '인식에 이상이 생긴다'는 의미에서는 같은 '치매'지만, 처음에 손상되는 뇌의 부위가 다른 탓에 어떤 인식에 이상이 생기는지가 다르다.

알츠하이머성 치매는 초기에 기억을 관장하는 '해마'의 위축이 일어나서 새로운 것을 기억하기 힘들어지는 것이 특징이다.

이에 반해 루이소체 치매는 초기에 대뇌피질 속의 '후두엽'이라고 하는, 주로 시각을 관장하는 부위에 문제가 생겨서 발병하며 주요 증상으로 환각이 나타난다. 말하자면 시각인식에 이상이 생기는 치매인데, 이 경우에는 발병 후 몇 년이 지나도 기억장애가 나타나지 않는 경우가 있다. 즉 '치매'라고 해서 반드시 기억장애가 동반되는 것은 아니다.

또한 혈관성 치매는 뇌 속 혈관이 막히거나 손상되어 산소공급이 안 되면서 뇌 속 세포, 즉 신경세포가 죽으면서 발병한다. 따라서 혈관에 문제가 생긴 뇌 부위에 따라 어떤 운동기능이나 인지기능에 문제가 나타나는지가 달라진다. 이 경우에도 반드시 기억장애가 발생하지는 않는다.

이들 알츠하이머성 치매, 루이소체 치매, 혈관성 치매는 신경세포의 사멸을 야기한다. 한 번 죽은 신경세포는 되살릴 수 없는 까닭에 현재로서는 치매에 한 번 걸리면 완전한 원래의 상태로 돌아갈 수 없다.

한편 일시적인 치매도 있다. 내장기능의 이상, 혈관장애, 영양부족 등으로 뇌의 혈류가 일시적으로 나빠지거나, 만성경막하혈종Chronic subdural hematoma(경막과 뇌 사이에 혈액이 고인다)이나 정상압물뇌증Normal pressure hydrocephalus(뇌 중심에 뇌척수액이 과도하게 고인다)으로 뇌가 압박되어 일시적으로 인식에 혼란이 일어나는 것이다. 이 경우에는 원인을 제거하면 깨끗하게 회복된다. '어딘가 이상한 언동이 지속하는' 경우에도 이처럼 다양한 원인을 생각할 수 있으므로 무조건 치료가 힘든 치매라고 단정하지 말고 초기에 진찰을 받아야 한다.

알츠하이머성 치매의 메커니즘

이 책 한 권으로 모든 치매에 대해 고찰하기는 어렵다. 이 책은 포괄적이고 객관적인 치매의 교과서를 지향하는 것이 아니며, 또한 의사와 간호사처럼 다양한 치매 환자를 접하면서 얻은 사례를 쓴 책도 아니다.

더없이 소중한 가족 중 누군가가 치매에 걸렸을 때 본인과 가족에게 뇌과학이 어떤 도움을 줄 수 있는지를 전하고자 한다.

의사는 분명히 '다수'의 치매 환자를 접하지만, '한 사람의 개인'은(적어도 알츠하이머성 치매 초기의 환자는) 대체로 두 달에 한 번 정도 진료한다. 두 달에 한 번의 진료로는 알츠하이머병 환자인 '개인'에게 어떤 문제가 나타나는지를 알아내기 힘든 부분이 있으며, 아마도 그 문제는 원래 그 개인을 잘 아는 사람이 뇌과학적으로 찾아야 할 것이다.

나는 이 책을 통해 엄마라는 '개인'이 생활 속에서 보여주는 구체적인 증상을 통해 치매에 접근하고자 하므로 이후의 이야기는 알츠하이머병으로 한정할 것이다. 이에 먼저 알츠하이머병의 객관적인 사실을 정리해본다.

알츠하이머병은 뇌에 어떤 문제를 일으키는 질환일까?

알츠하이머성 치매는 독일의 정신과 의사이자 신경병리학자인 알로이스 알츠하이머Alois Alzheimer의 이름을 따 붙여진 병명이다. 1907년 알로이스 알츠하이머 박사가 처음으로 증례(아우구스테 D.Auguste D.(Auguste Deter)라는 이름의 여성)를 발표했다. 그러니까 알츠하이머병이 발견된 지는 이제 백 년이 조금 지났을 뿐이다.

그렇다고 해서 그 이전에 알츠하이머병에 걸린 사람이 전혀 없었던 것은 아니다. 하지만 이전에는 노인이 이상한 언동을 해도 '착란'이나 '망상' 등 '정신질환'의 하나로 취급되었다.

정신질환과 뇌라는 물질의 질환을 연결시킨 것도 최근 백 년 정도의 일로, 그전까지는 유명한 정신분석의학자 지그문트 프로이트Sigmund Freud의 주장처럼 유아기의 트라우마가 정신질환을 일으킨다고 여겼으며 정신질환은 어디까지나 정신의 영역에서 대응하는 경우가 많았다.

원래 생체의 뇌에 직접적인 손상을 가하지 않고 연구하는 기술(MRI 등)이 개발된 것은 최근 이삼십 년의 일이다. 아우구스테 D.도 남편에 대한 질투의 형태로 심한 망상을 보여 정신과 병원에서 진찰을 받으면서 알츠하이머 박사를 만났다. 박사는 그녀에게 나타난 특수한 기억과 언어의 혼란 패턴에 처음으로 주목했고 문제를 뇌의 기반에서 찾았던 것이다. 그리고 아우구스테의 사망 후 비로소 '해부'의 형태로, 그녀의 뇌 단면을 현미경으로 세밀하게 관찰한 결과 일반적인 뇌에서는 볼 수 없는 뚜렷한 이변을 찾아냈다.

알츠하이머 박사가 아우구스테의 뇌 속에서 발견한 주요 이변은 ① 노인성반점과 ② 신경원섬유성 변화다. 현재에도 이 두 가지를 알츠하이머병의 중요한 원인으로 보고 있다.

이 두 가지는 대체 무엇일까. 간단하게 말하면 '뇌 속에서 발생한 소화불량의 대형쓰레기'다.

우리가 뇌를 사용하면 쓰레기가 발생한다. 쓰레기가 발생하는 것 자체는 문제가 아니며, 일반적으로 이 쓰레기는 분해되고 회수되고 재활용된다. 하지만 어떤 이유에선가 자연적으로는 분해될 수 없을 정도로 쓰레기들이 복잡하게 엉켜서 커져 버리는 경우가 있는데 그것이 이 대형쓰레기인 것이다. 신경세포와 신경세포 사이에 쌓인 대형쓰레기가 ① 노인성반점(이상한 단백질 '아밀로이드 베타amyloid-β' 덩이)이고, 하나의 신경세포 속에 쌓인 대형쓰레기가 ② 신경원섬유성 변화(이상한 단백질 '타우tau' 덩이)이다(그림1).

노인성반점은 세포들 사이에 쌓여 세포와 세포의 정보전달을 방해한다. 또한 신경원섬유성 변화는 세포 속에 쌓인 쓰레기로, 세포 구석구석에 영양을 전달하는 기능을 방해해 결국 세포

그림1 알츠하이머병의 원인 - 노인성반점과 신경원섬유성 변화

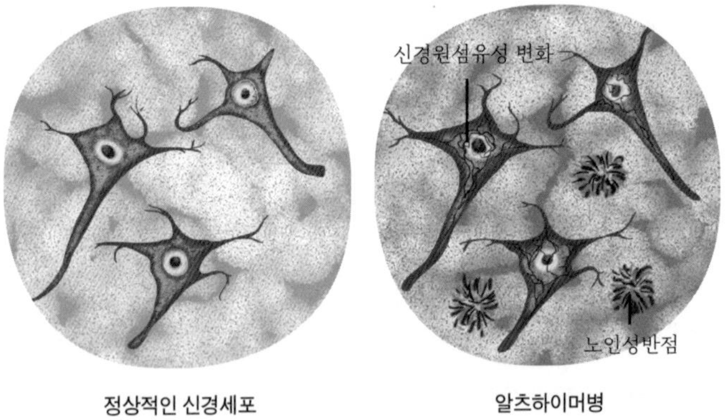

노인성반점: 신경세포와 신경세포 사이에 고인 이상한 단백질 '아밀로이드 베타' 덩이. 세포와 세포 간의 정보전달을 방해한다.
신경원섬유성 변화: 신경세포 속에 고인 이상한 단백질 '타우' 덩이. 세포에 영양을 전달하는 기능을 방해해서 세포 자체를 죽게 만든다.

를 죽게 만든다.

이 두 가지 원인으로 인해 알츠하이머병은 뇌 속에서 정보가 원활하게 전달되지 못하고 계속해서 세포가 죽으면서 뇌의 위축이 발생하고 그 결과 다양한 인지장애와 운동장애가 나타난다.

왜 치유하지 못하는가

노인성반점이나 신경원섬유성 변화가 뇌 속에 쌓이는 것이 원인이라면 그것을 제거하면 치료가 가능할 것처럼 보인다.

실제로 알츠하이머병 초기에 노인성반점이 나타나고 그 후 신경원섬유성 변화가 만들어지기 때문에 원흉은 노인성반점이라는 주장이 있었고, 오랫동안 노인성반점을 제거하는 신약 개발과 임상실험을 해왔다(노인성반점은 본인과 주변 사람들이 이상을 깨닫기 수십 년 전부터 쌓이기 시작한다). 하지만 2018년 초반, 노인성반점의 기반이 되는 아밀로이드 베타를 제거해도 알츠하이머병의 진행은 멈추지 않는다는 연구결과가 연이어 나왔다.

문제는 생각보다 복잡했던 것이다. 노인성반점뿐만 아니라, 아밀로이드 베타는 커다란 덩이를 이루면서 노인성반점으로 발전하기 이전에 아밀로이드 베타 올리고머amyloid-β oligomer라는 물질로 존재하는데 이 물질이 신경세포에 유해하다는 가능성도 제기되고 있다. 또한 신경원섬유성 변화는 노인성반점과 상관없이 만들어지기도 해서 타우 자체가 원인일 가능성, 노인성반점과 신경원섬유성 변화 이외의 원인이 있을 가능성 등이 제기되면서 다방면으로 연구가 진행되고 있다.

결국 노인성반점을 형성하는 아밀로이드 베타와 신경원섬유성 변화를 형성하는 타우가 어떤 식으로 결합하고, 알츠하이머병에 어떤 식으로 관여하는지가 아직 미궁 속에 있는 탓에 치료법이 확립되지 않았다.

알츠하이머성 치매의 진행

노인성반점과 신경원섬유성 변화가 어떤 식으로 만들어지고, 치매에 어떤 식으로 관여하는지는 아직 밝혀지지 않았지만, 알츠하이머병의 가장 큰 위험인자가 연령이라는 건 확실하다. 나이가 들면 들수록 치매의 가능성은 누구에게도 생긴다. 85세 이상에서는 두 명 중 한 명이 알츠하이머병에 걸리는 것으로 보고 있다. 연령이 높아지면 이상한 단백질의 축적이 증가해서 발병하기 쉬워진다고 보고 있다.

그리고 신경원섬유성 변화에 의해 세포사cell death가 야기된다는 점도 현재로서 확실하다.

신경원섬유성 변화로 인한 세포사가 가장 먼저 진행되는 곳은 기억의 중추인 '해마'이다. 그러고 나서 세포사의 범위가 천천히 대뇌피질로 퍼져간다.

게다가 본인과 주변 사람들이 먼저 이변을 깨닫는 건 기억의 문제인 경우가 많다. 세포사가 발생하는 영역이 넓어짐에 따라 기억력 외에 언어력, 문제해결력 등 일상생활을 하는 데에 필요한 인지능력과 운동능력이 서서히 쇠퇴한다.

알츠하이머병의 진행은 그만큼 손상되는 뇌 부위가 넓어진다는 의미이며 결국 걷기나 삼키기와 같은 기본적인 신체기능을 관장하는 뇌 부위에도 손상이 일어나고, 최종적으로는 거동할 수 없는 와상 상태가 된다. 알츠하이머성 치매 환자의 주요 사망원인은 삼킴장애(연하장애) 등으로 인해 영양 섭취를 못하게 되면서 생기는 폐렴 등의 감염증이다.

알츠하이머성 치매 진단 후 환자의 여명은 4년에서 8년. 하지만 20년 이상을 사는 사람들도 있다. 개인차가 큰 질병이다. 다른 고령자 질환과 비교했을 때 오랫동안 천천히 진행된다는 점이 특징이다.

해마와 기억

알츠하이머성 치매의 진행 속도와 문제가 발생하는 순서는 개인에 따라 큰 차이가 있는 걸로 보고 있다. 하지만 기억장애가 가장 먼저 일어난다는 점은 공통적이다. 새로운 정보를 기억하지 못하게 된다.

누구나 나이가 들면 뇌가 전체적으로 조금씩 위축하지만, 초기 알츠하이머성 치매 환자는 전체적인 뇌의 위축에 비해 해마의 위축이 현저하게 드러난다. 해마만 연령에 맞지 않게 줄어드는 것이다.

해마는 '지금 이곳에서' 일어나는 것을 장기기억으로 저장하는 데에 중요한 역할을 한다. 1953년에 뇌전증 치료를 위해 해마를 포함한 내측 측두엽 절제 수술을 한 H.M.(Henry Gustav Molaison)이라는 환자는 수술 후 뇌전증은 치료됐지만 새로운 것을 기억하지 못하게 됐다. 예컨대 조금 전에 질문했던 것과 똑같은 질문을 몇 분 뒤에 다시 시작한다. 새롭게 사람을 만나서 통성명을 하고 몇 분간 친근하게 대화를 해도, 다음 날에는 처음 본 사람처럼 대한다. H.M.은 수술 수년 전의 일들은 기억하지만, 수술 후의 일을 뇌에 정착시키지 못했다.

해마가 손상되면 과거에 저장된 기억은 지워지지 않지만, 새로운 것을 저장하지 못하게 된다(단, '과거에 저장된 기억' 중에도 최근 수년 동안의 기억은 떠올리기 힘들어질 가능성이 있다. 이를 역행성 건망이라고 한다. 최근의 기억은 아직 뇌 속 정착이 완전히 끝나지 않은 탓에 해마의 손상에 영향을 받는 것으로 보고 있다). 해마는 '기억의 중추'라고 하는데 기억의 저장고가 아닌(지금으로서는 대뇌피질이 저장고 역할을 하는 것으로 보고 있다), 저장할 때 반드시 사용되는 부위다. 새로운 사건은 해마를 통해 대뇌피질에 저장 가능한 형태로 변환된다(이 과정을 '인코딩encoding'이라고 한다).

누구나 나이가 들면서 다소 기억력이 쇠퇴하고 복잡한 것은 여러 번 반복하지 않으면 기억할 수 없어서 새로운 학습을 꺼리지만, 알츠하이머성 기억장애는 아주 간단한 것조차도 새로운 것을 기억하기 힘들어진다는 데에 특징이 있다. 이는 해마의 손상 탓이다.

또한 해마는 대뇌피질에 저장된 기억을 불러올 때도 사용된다(이 과정을 '리트리브retrieve'라고 한다). 해마가 손상돼도 기억은

그림2 기억의 구조 - 해마와 대뇌피질

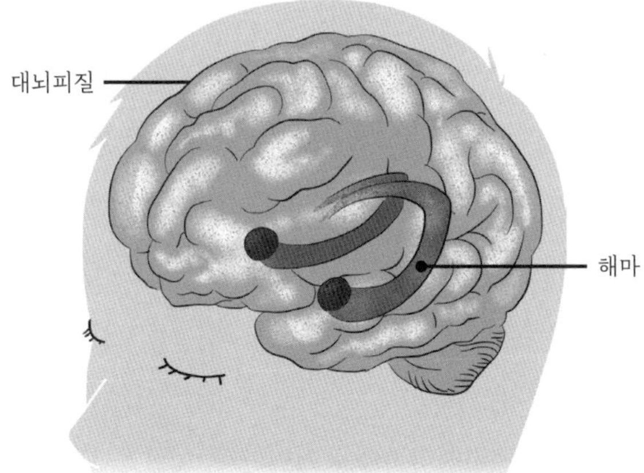

'기억 중추'인 해마는 기억의 저장고가 아니며, 기억은 대뇌피질에 저장된다. 해마는 새로운 사건을 대뇌피질에 저장할 수 있는 형태로 변환할 때(인코딩)도, 대뇌피질에서 기억을 꺼낼 때(리트리브)도 사용된다.

대뇌피질이라는 다른 장소에 보존되어 있으므로 기억 자체가 사라진 것은 아닐지라도 그 기억에 제대로 접근할 수 없게 된다. 그래서 예전의 기억이 '떠오르지 않는' 현상이 일어나기도 한다(그림2).

알츠하이머성 치매 초기의 구체적인 증상을 들자면, 새로운 것을 기억하지 못하기 때문에 오늘 있었던 일을 제대로 설명하지 못하는 경우가 있다. 또한 그 자리에서 누군가와 약속을 해도 기억하지 못하기 때문에 약속을 어기는 경우가 많다. 새로운 것이 뇌에 정착하지 못하는 탓에 지금 눈앞에서 전개되는 대화의 흐름을 제대로 파악하지 못해 의사소통이 어려워진다. 또한 무언가를 하려고 자리에서 일어서지만 왜 일어섰는지를 잊는 등 목적 수행이 힘들어진다. '지금 이곳'의 상황을 확실하게 파악하지 못하기 때문에 사물을 정리하는 것도 힘들어지고 판단력이 저하된다. 그래서 요리나 청소처럼 예전에는 간단하게 해왔던 일을 못하게 된다. 또한 지금이 언제이고 자신이 지금 어디에 있는지 같은 인식(이를 지남력指南力이라고 한다)에도 혼란이 발생한다. 같은 말이나 행동을 반복한다. 나아가서는 잊었다는 사실을 잊기 때문에 자신의 증상을 정확하게 파악하기 힘들어 '자각'에도 문제가 생긴다.

이 증상들은 해마 의존성에 기인한다. 이들 증상이 일어나면 정확하게는 파악하지 못해도 본인 스스로가 '무언가가 이상하다'고 당황하게 되면서 감정적인 불안과 우울증이 발생하기 쉽다.

알츠하이머성 치매의 곤란한 증상

알츠하이머성 치매의 곤란한 증상으로 자주 언급되는 것은 '공격성'과 '배회'다. 기억장애, 지남력장애, 이해력장애, 판단력장애 등 해마의 세포가 영구적으로 손상되면서 발생하는 치료 불가능한 증상과는 달리, 공격성과 배회 증상은 '주변 증상'이라고 해서 의외로 '완화'가 가능한 것으로 보고 있다.

예컨대 '공격성'은 알츠하이머병의 진행으로 대뇌피질 속 감정억제에 관여하는 '전두엽'이 심하게 손상되면서 충동을 조절하지 못해 공격성이 나타나는 경우도 있다. 하지만 사실은 이런 전두엽 손상에 의한 것보다는 해마의 손상으로 인해 '지금 여기'의 상황을 기억하지 못하는 탓에 무엇을 하든 도움을 요청해야 하고 자립 생활을 하지 못하게 되면서 환자의 자존감을 유지하지 못하는 데에서 나타난 공격성이 훨씬 많다.

'계속 실수한다.' '다른 사람에게 피해를 준다.' '누군가에게 도움이 되지 않는다.' '다른 사람에게 인정을 받지 못한다.' 등의 부정적인 생각이 반복되면 자신감을 잃고 초조해하는 것은 당연하다.

또한 주위 사람들도 '이 사람은 왜 이런 것도 하지 못할까?' '왜 이런 것까지 잊어버릴까?' 하고 본인과 마찬가지로 당황하게 되는데, 만약 그런 감정을 당사자에게 그대로 드러내면 당사자는 더욱 초조해진다. 알츠하이머병은 서로를 존중하고 아껴주기가 무척 힘들어지고, 그것이 공격성의 원인이 된다.

즉, 실수하거나 못하는 일이 늘어나도 인간적으로 존중받고 감사받는 상태를 만들 수 있으면 공격성은 완화될 수 있다.

또한 '배회'도 여러 가지 원인이 있지만 공격성과 마찬가지로 자신의 역할이나 존재 의미를 못 느끼는 것이 중요한 원인이라고 한다. '이곳에는 내가 할 수 있는 일이 없다.' '필요로 하지 않는다.' '내가 할 수 있는 다른 일이 있지 않을까?' 하는 불안과 초조감에 밖으로 나가고 정처 없이 돌아다니다가 결국 돌아오는 길을 찾지 못하게 된다. 배회 증상도 공격성과 마찬가지로 본인에게 안도감을 줄 수 있는지 아닌지가 열쇠가 된다.

결국 뇌손상은 어찌할 방도가 없지만, 그로 인해 무언가를 할 수 없게 되어 우울해지고 불안해진 그 감정은 치유할 수 있고 개선될 수 있다.

현재의 치료법

현재 알츠하이머병의 원인이 명확하게 밝혀지지 않아 근본적으로 치료할 수 있는 약은 없다. 결국 알츠하이머병은 치료가 불가능하다. 그렇다면 병원에서 처방해주는 약은 대체 무엇일까. 증상의 진행을 늦춰주는 효과의 가능성으로 인가된 약이다.

일본에서는 2018년 기준으로 네 가지 약이 사용되고 있다. 이 약들은 모두 뇌 속 신경전달물질(신경세포와 신경세포 사이에서 방출되는 화학물질로 뇌 속의 정보전달은 전기신호와 이 화학물질에 의해 이루어진다.)에 작용해서 뇌의 정보전달 효율을 높이는 것으로, 크게 두 종류가 있다.

첫째는 알츠하이머병 환자의 뇌에 신경전달물질인 아세틸콜린acetylcholine 증가를 목적으로 개발된 약(상품명: 아리셉트Aricept, 엑셀론패취Exelon Patch, 레미닐Reminyl)이다.

그리고 또 한 가지는 글루탐산 수용체glutamic acid receptor의 과도한 자극을 차단하는 약(상품명: 메마리Memary)이다. 알츠하이머병 환자의 뇌는 신경전달물질인 글루탐산glutamic acid이 신경세포들 사이에서 비정상적으로 증가하는데, 그렇게 되면 글루탐산을 받아들이는 수용체가 계속해서 자극받는 문제가 발생한다. 그래서 그 수용체가 글루탐산을 과도하게 받아들이지 않도록 차단작용을 하는 약이 개발됐다.

이들 신경전달물질이 부족하거나 과도해지는 이유는 밝혀지지 않았으며 어디까지나 이런 현상이 있다는 사실을 전제로 하고 그에 대처하는 약이다. 그 약들이 정말로 증상을 멈추거나 늦추는지에 대해서는 확실하지 않다. 실제로 프랑스 보건청은 이 네 가지 약의 효과가 충분하다고 볼 수 없다고 판단해서 2018년 8월부터 의료보험을 적용하지 않기로 했다. 하지만 알츠하이머병의 발병 구조가 밝혀지지 않은 이상, 관련해서 일어나는 문제에 반창고라도 붙일 수밖에 없는 상황이다.

또한 엄마가 다니는 병원에서는 소개해주지 않았지만 사실 약 이외에도 권장하는 치료법이 있다. 운동요법, 음악요법, 회상요법 등이다.

운동요법은 정기적으로 몸을 움직이는 데에서 효과를 기대하는 방법으로, 예컨대 일주일에 세 번 정도 운동하는 사람들은 그보다 적게 운동하는 사람들보다 알츠하이머병에 걸릴 확률이 낮다는 사실이 밝혀졌다. 또한 생쥐를 대상으로 한 실험이었지만, 운동하면 아밀로이드 베타의 분해가 진행되어 노인성반점이 줄어드는 결과도 나타났다. 즉, 운동은 알츠하이머병의 진행을 완화하는 효과를 기대할 수 있다.

하지만 음악을 즐겨 심신을 편안하게 한다는 음악요법 그리고 소중한 추억을 함께 얘기하거나 사진과 물건을 보며 떠오르는 것을 하나하나 다른 사람에게 얘기하는 회상요법은 알츠하이머병의 '진행' 완화에 효과가 있다는 과학적 연구결과가 없다. 단, 음악요법은 알츠하이머병에 따른 불안, 우울, 무기력 등 '감정적'인 문제에는 적어도 효과가 있는 것으로 나타났다. 아무리 인지기능이 쇠퇴해도 음악에 맞춰 몸으로 리듬을 타는 일 등 음악 자체를 '즐기기'는 가능해서 작으나마 생활 속 즐거움이 '마음의 안정'으로 이어지는 것으로 보인다.

그런 의미에서 회상요법도 추억을 함께 얘기하고 타인과 커

뮤니케이션을 함으로써 알츠하이머병에 따른 '고독감'을 줄일 수 있다. 또한 소중한 기억을 떠올려 과거와의 연결 속에 '안도감'을 느끼거나, 그 기억 속에서 느꼈던 다양한 감정이 되살아나기도 한다. 기억력의 개선은 기대할 수 없지만 남아 있는 과거 기억을 이용해 긍정적인 감정을 활성화할 수 있는 것이 회상요법이다.

그 사람이
'그 사람'이 아니게 된다는 건 어떤 것일까

뇌손상은 약으로 치료할 수 없지만, 감정적인 치유는 가능하다는 것이 지금까지의 결론이다. 하지만 아직 가장 큰 문제가 남아 있다.

알츠하이머병 환자 본인 그리고 가족이나 친구가 가장 불안해하는 문제는 '그 사람이 그 사람이 아니게 될지도 모른다'는, 인격에 관한 문제일 것이다.

기억에 문제가 생기고, 상황판단을 못하게 되고, 그 사람이 이전에는 당연하게 했던 일을 할 수 없게 된다. 그 사람이라면 당연히 기억해야 할 중요한 일을 잊고, 그 사람이라면 하지 않을 행동을 한다. 예컨대 정리정돈을 좋아했던 사람이 그 행동을 하지 못해 방이 지저분해진다. '그렇게 깔끔한 걸 좋아했던 사람이 왜?'

주변 사람 혹은 본인도 그런 감정이 드는 것은 당연할 것이다.

'엄마는 엄마가 아니게 되는 걸까?'

내게도 그것이 가장 큰 두려움이었다.

현 단계에서 할 수 있는 말은 앞서 '공격성'에서 얘기했듯이 뇌의 전두엽이 손상되면 인격이 바뀔 가능성은 있다. 하지만 그러한 일은 혹시 발생한다고 해도 알츠하이머병이 상당히 진행된 후이다. 따라서 적어도 초기의 알츠하이머병 환자와 주변 사람들이 당혹해하는 것은, 정말로 그 사람의 인격이 바뀌어서가 아니라 해마의 문제로 인해 단순히 '못하는' 일이 늘어나기 때문에 지금까지의 '그 사람'이 아닌 것처럼 '느껴지는' 것이다.

예컨대 요리를 잘하던 사람이 요리를 못하게 되고, 목수가 목공작업을 못하게 된다면 그것은 그 사람다움이 한 가지 사라진 것일지도 모른다. 하지만 '무언가를 할 수 있다/못한다'와 '그 사람다움'은 정말로 같은 걸까?

지금부터는 생활 속에서 나타나는 엄마의 변화를 구체적으로 살펴보면서 이 문제에 대해 생각해보고자 한다.

3

'치료'가 아닌 '할 수 있는' 일은 무엇일까

- 뇌과학적 처방전

엄마의 일상생활에서 나타나는 구체적인 증상은 어떤 것일까.

예를 들면, 나는 엄마와 함께 주방에 서 있고 설거지를 하면서 곁눈으로 엄마의 행동을 엿보고 있다. 미소시루를 끓이기 위해 냄비에 미소를 풀어달라고 막 부탁한 후였다. 엄마는 적당량을 떠서 냄비에 넣었다. 아, 다행이다. 잘하시네. 안심하고는 설거지에 집중하려는 순간, 엄마는 "얘야, 미소 넣었니?" 하고 내게 묻는다. 냄비 속의 갈색 국물을 또렷하게 보면서.

또 다른 예로, 나는 엄마와 식탁에 앉아 함께 만든 저녁을 맛있게 먹고 있다. 그날 해야 할 업무도 집안일도 끝내고 겨우 한숨 돌리려는 순간, 엄마는 "어머? 꼬맹이들은 벌써 자니?" 하고 묻는다. 우리 가족은 아버지와 엄마, 나 그리고 결혼해서 독립한 오빠뿐인데……. 어린아이들이 있다면 나와 오빠가 어렸을 때가 된다.

그런 언동을 대하면서 가슴이 철렁하지 않을 사람이 있을까.

이 모습이 2018년 현재, 내 엄마의 상태다. 알츠하이머병 진단을 받은 지 2년 6개월이 지났다. 여기서는 먼저 그 2년 6개월 동안 엄마가 보여준 구체적인 언동을 기록하고, 그러한 언동이 나타난 이유를 뇌과학적으로 고찰해보고자 한다. 가까이에 치매 환자가 없는 분들에게는 실제의 모습을 알려드리기 위함이다. 치매 환자, 그 가족과 친구분들에게는 뇌의 구조를 이해함으로써 그 불가해한 언동에도 이유가 있음을 알려드리기 위함이다. 또한 우리 가족은 어떻게 대응했고 엄마는 어떻게 변했는지도 적으려고 한다. 이 기록이 하나의 처방전이 될 수 있기를 바라면서.

해마의 위축이
초래한 것

현재까지 알츠하이머병을 완치할 수 있는 약은 없다. 하지만 진행을 늦춰줄 가능성이 있는 약은 있다. 병을 더 이상 악화시키지 않기 위한 거의 유일한 선택지였던 탓에 그 약을 받아왔다. 하지만 병원에서 알츠하이머병이라는 진단이 내려진 직후, 나는 집으로 가는 차 안에서 달리 할 수 있는 일이 있을지 생각했다. '치료'로 이어지지 않더라도 '할 수 있는 일'은 많지 않을까.

뇌 검사로 엄마의 상태에 대해 알게 된 것은 다음의 두 가지이다.

① 다른 뇌 부위보다 해마가 심하게 위축되어 있다.

② 대뇌피질에 포함된 후두정피질의 활동이 약화되어 있다.

알츠하이머성 치매 환자의 전형적인 뇌 이상이었다.

①처럼 알츠하이머병에서 가장 먼저 해마의 위축이 나타난다는 점은 2장에서 설명했다. ②의 후두정피질의 경우, 원래 해마와 후두정피질은 밀접하게 연결되어 '디폴트 모드 네트워크 default mode network'라는 회로를 구성한다(그림3). 그래서 해마에 문제가 생기면 후두정피질의 활동이 저하되는 건 이상하지 않다.

그림3 **디폴트 모드 네트워크 - 해마와 후두정피질**

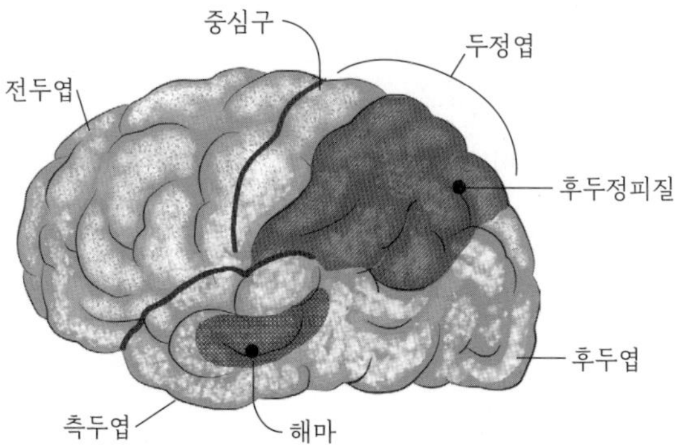

디폴트 모드 네트워크는 뇌가 쉬고 있거나 편안할 때 기억 정리를 한다. 해마와 후두정피질도 일부를 담당한다.

실제로 해마의 손상에 따라 후두정피질 외 다른 부위의 활동이 저하되는 사람도 있지만, 가장 전형적인 부위가 후두정피질이라고 한다.

'디폴트 모드 네트워크'는 무언가에 집중해 있을 때보다 쉬거나 멍하니 있을 때 활성화되는 뇌 부위의 신경회로를 말한다.

뇌는 집중해서 사용할수록 활성화된다고 생각할지 모르지만, 사실은 그렇지 않다. 집중할수록 활동이 활발한 영역도 물론 있지만, 쉴수록 활발하게 활동하는 영역도 있다. 그러면 뇌는 쉬고 있을 때 어떤 일을 할까. 바로 기억의 정리다.

무언가에 집중했을 때 일어났던 일을 쉬는 동안에 정리한다. '이 일은 예전에 했던 그 일과 비슷하니까 이거와 저거를 연결해두자' '이건 이전에도 경험했으니까 살아가는 데에 중요한 것으로 보존하자' '이건 처음 경험하는 거라서 현재로서는 중요한지 아닌지 알 수 없으니까 그대로 여기에 두자' 등등 자거나 쉴 때 비로소 경험의 정리정돈이 가능한 것이다. 뇌에는 집중도 중요하지만 휴식도 똑같이 필요하다.

잠자는 시간도 없이 과제에 매달려 있는 사람은 생산적인 것 같지만 의외로 효율이 떨어진다. 이는 새로운 경험이 계속해서 쌓이기만 할 뿐, 경험과 경험 사이의 관계성을 찾아내거나 중요한 것과 그렇지 않은 것을 나누는 정리정돈을 할 여유가 없기 때문이다.

욕조에 몸을 담글 때나 아침에 눈을 뜬 순간에 '아!'하고 번뜩 아이디어가 떠오르거나 평상시에 억눌러뒀던 과거의 부끄러운 실수가 갑자기 생각났던 경험이 있을 것이다. 이는 목욕이나 수면으로 휴식을 취함으로써 디폴트 모드 네트워크가 활성화되어 경험과 경험이 서로 이어지고 의미 있는 오랜 기억을 불러냈기 때문이다.

후두정피질과 해마는 이 정리정돈에 중요한 역할을 하는 부위이다. 결국 엄마는 디폴트 모드 네트워크가 제대로 작동하지 않는 것이다. 이는 현실의 자극이 마구잡이로 머리에 들어올 뿐 기억의 정리정돈이 되지 않아서 실제로 의미 있는 것을 파악하기 힘든 상태를 의미한다.

그렇게 되면 무언가를 하려고 일어났다가도 헛돌기만 하게 되며, 헛돌기가 이어지면 자신감을 잃고 무언가를 하려는 의지 자체를 포기하게 될 수 있다. 실제로 엄마는 이전까지 좋아했던 합창 연습을 하려고 하지도 않았고, 요리도 그만두었다.

디폴트 모드 네크워크를 활성화하려면

엄마가 소파에 멍하니 앉아 있는 시간이 늘어났으므로 당연히 뇌가 '쉬고 있는' 시간은 이전보다 훨씬 늘어났다. 디폴트 모드 네트워크가 휴식시간에 활동하는 뇌의 회로라면 엄마의 경우에는 더 활성화되어야 하는데 왜 약화된 걸까. 겉보기에는 쉬고 있어도 마음은 불안과 걱정으로 가득해서 엄마의 머릿속이 바쁘기 때문인지도 모른다. 머릿속이 바쁘다면 어떤 과제에 집중하고 있는 것과 다르지 않은 상태가 된다.

그러면 디폴트 모드 네트워크를 활성화시키기 위해서는 어떻게 하면 좋을까.

내가 '할 수 있는 일'은 먼저 그 방법을 생각해내는 것이었다.

디폴트 모드 네트워크를 활성화시키는 데에는 멍하니 산책하는 방법이 무척 좋다고 한다.

어떤 문제로 머릿속이 꽉 찬 상태로 어떻게 하면 좋을지 고민하면서 걷는 것이 아니라, 아무 생각도 하지 않고 아무것도 들지 않으면서 단지 멍하니 걷는다. 그렇게 하면 '어? 여기에 이런 게 있구나.' '이런 꽃이 피었네.' '엄마와 아이가 저렇게 즐거운 듯 걷고 있네.' 등등 길에서도 자연에서도 바깥세상에 있는 사물에 대해 많은 것을 깨닫게 된다. 그런 바깥세상에 대한 발견이 의외로 '어? 그러고 보니 내게도 예전에 이런 일이 있었는데.' '그때 나는 이렇게 느꼈었지.' 하는 식으로, 과거 일들을 떠올리며 내면적인 발견도 하는 계기가 된다.

걷다 보면 계속해서 풍경이 변하고, 눈과 귀와 코와 피부와 손과 발의 근육을 통해 다양한 정보가 뇌로 날아든다. 그래서 똑같이 아무것도 안 하는 것처럼 보여도 가만히 앉아 있는 것과는 달리 멍하니 걷다 보면 자신도 모르는 사이에 적당한 자극을 받아 릴렉스할 수 있다. 그런 과정을 통해 디폴트 모드 네트워크가 활성화되어 기억의 정리정돈이 가능해진다. 집 안에 앉아 있으면 자신의 걱정거리에만 몰두하게 되지만, 바깥에는 그 걱정거리에서 벗어나게 해주는 자극이 많다. '무언가 특별한 걸 생각해!' 하고 스스로 머리에 명령하지 않고, 외부에서 자연스럽게 날아드는 자극에 맡겨두면 긴장이 풀어지고 무의식이 적당한 자극을 받아 자신의 삶에서 있었던 여러 가지 추억이 되살아난다.

'걸으면서 자연스럽게 떠오르는 일에 주의를 기울이자 놀랍게도 자신의 삶에서 일어났던 모든 것들이 떠올랐다.'고 영국 빅토리아왕조시대의 과학자이자 탐험가였던 프랜시스 골턴Sir Francis Galton이 말했다(자세한 내용은 94쪽 「기억은 되살리지 못할 뿐 모두 남아 있을까」 참고). 이것이야말로 디폴트 모드 네트워크의 활성화다.

그래서 일단 엄마에게 걷기를 권유해보기로 했다. 걷기는 운동요법도 될 수 있는데, 앞에서 말한 것처럼 운동은 알츠하이머성 치매에 일정한 효과를 기대할 수 있다. 게다가 설사 알츠하이머병에 효과가 없다고 해도 운동은 신체에 나쁘지 않다. 혈액순환을 좋게 해서 건강해진다. 그 얘기를 하자 아버지와 엄마는 곧바로 거의 매일 산책을 하게 됐다.

그 2년 반 동안 엄마가 알츠하이머병 증상에서 특별히 나아졌다고 할 건 없지만, 두 분의 산책은 계속되고 있다. 아무래도 기분이 좋은 듯하다. 매일 '기분 좋다'고 느끼는 시간이 있다는 건 충분히 중요한 부분이다. 날마다 두 시간 정도씩 저기를 걸어보자, 이쪽으로 가보자면서 그때그때의 기분에 따라 함께 걷고 계신다. '무언가를 하고 싶다'는 의욕을 잃고 소파에만 앉아 있던 엄마가 걷는 게 기분 좋아서 '산책을 하고 싶다'고 생각하게 된 것이다! 엄마는 매일 아버지가 느릿느릿 준비하면 "빨리 나가자." "아직도 안 됐어?" 하며 재촉한다.

그리고 산책을 시작한 지 얼마 되지 않아 엄마의 친구분에게 이런 문자메시지를 받았다.

'"뭔가 예전보다 안정이 된 것 같아. 남편이 퇴직하고 최근에야 간신히 함께 산책할 수 있게 돼서 기뻐."라고 했단다.'

걷기 운동으로 건강상태가 좋아진다거나 디폴트 모드 네트워크가 활성화된다거나 또는 의욕이 생긴다는 등의 이유 이전에 아버지와 함께 할 수 있는 시간이 엄마에게는 무엇보다 큰 보답이었던 모양이다. 두 분은 지금까지 서로 의지하며 살아왔지만, 같은 일을 하면서 함께 시간을 보내는 일은 그다지 없었는지도 모른다. 비정상적인 단백질인 아밀로이드 베타와 타우가 뇌에 쌓이는 걸 막지는 못해도 엄마에게 행복한 순간을 만들어 드리는 건 확실히 가능했다.

기억을 메워주면
엄마가 할 수 있는 일이 늘어날까

그리고 병원에서 돌아오면서 생각했던 또 한 가지, 내가 '할 수 있는' 일이 있었다. 엄마는 해마와 디폴트 모드 네트워크의 문제로 지금의 일을 뇌 속에 정착시키고 기억을 정리하는 작업이 힘들어진 탓에 자신이 놓인 상황의 의미를 제대로 파악하지 못하거나 판단을 하지 못한다. 그렇다면 엄마가 스스로 판단하는 대신 나와 아버지가 엄마 옆에서 보좌해주면 엄마가 할 수 있는 일이 늘어나지 않을까?

예를 들면 이런 이야기다. 엄마는 미소시루를 끓이려고 무를 썰기 시작한 것까지는 좋은데, 도중에 무를 썰고 있는 이유를 잊어버린다. 무엇을 위해 냄비에 물을 끓이고 있는지도 알 수 없다. 자신이 무엇을 하고 있었는지 생각나지 않는다. 이제 무엇을 해야 할지 알 수 없다……. 그런 생각만으로도 충분히 불안에 휩싸일 수밖에 없는 일이다. 그래서 요리가 싫어졌을지도 모른다.

그렇다면 무엇을 위해 무를 썰었는지 잊었을 때 누군가가 옆에서 '미소시루에 넣을 거야' 하고 알려주면 요리를 완성할 수 있지 않을까? 누군가가 판단 역할을 맡아주면 엄마가 요리를 할 수 있지 않을까? 하고 생각했다.

해마가 제대로 작용하지 않는 탓에, 가까운 목적인 '무 썰기'는 기억할 수 있지만 몇십 분 후에 해야 할 먼 목적인 '미소시루를 만든다'는 기억할 수 없다. 그렇다면 '미소시루에 무를 넣으려고 했다'고, 엄마가 기억할 수 있도록 내가 반복해서 알려주면 된다.

엄마는 채소를 자르는 등 세세한 요리 기술을 잃어버린 것이 아니다. 그것들을 제대로 조합할 수 없게 됐을 뿐이다. 지금 갖고 있는 능력마저 '판단력 저하'와 '불안' 탓에 포기하지 않도록, 최대한 내가 함께 주방에 있자고 생각했다.

무언가를 시작한 순간에 엄마 머릿속이 안개로 뒤덮이면 내가 옆에 서서 걷어주는 역할을 한다. 엄마가 요리를 못하게 된 것보다도 내가 이제껏 전혀 요리를 안 했다는 사실이 더 문제일 수도 있어서, 내게는 요리를 배울 좋은 기회가 된다.

일단은 아버지와의 산책 시간 그리고 나와의 요리 시간.

지금까지 하지 못했던 일을 되찾고 또한 앞으로 각자 살아갈 힘을 키우는 좋은 시간이 되리라는 생각이 들었다. 아버지와 엄마는 함께 산책하며 오롯이 두 분을 위한 시간을 되찾고, 나는 엄마에게 앞으로 살아가기 위해 필요한 요리 기술을 배운다. 엄마는 소파에 앉아만 있는 게 아니라 '할 수 있는 일'을 늘려간다.

실제로 엄마는 창백한 얼굴로 계속 소파에만 앉아 있던 상태에서 조금씩 벗어났다. 내가 외출할 때 "비 올 것 같으니 우산 가져가렴." "춥겠다. 외투 챙기렴." 하고, 예전처럼 하나하나 보살펴주셨다. 내가 감기에 걸렸을 때는 적극적으로 간호를 해주셨고 홀로 죽까지 끓여주신 적도 있었다. 심리적인 안정감과 자신감을 되찾으면서 주변에 흥미를 갖게 되었으며, 다시 엄마로 있으려는 것처럼 보였다.

엄마에게 산책과 요리는 '알츠하이머병에 걸렸지만 우리는 변함없이 당신과 함께 걸을 거야'라는 메시지였는지도 모른다. 엄마의 '좌절과 불가능'은 불안과 우울함에서 온 것이기도 했다.

엄마의
일상을 관찰하다

이렇게 해서 나와 엄마는 일주일에 세 번은 함께 저녁식사를 만들게 됐다.

확실히 엄마는 내가 지시해주면 요리를 만들 수 있었다(내가 감기에 걸리는 등 긴급 상황이 되면 힘이 솟아나는지 혼자서도 요리를 해준 적이 있었다). 보통 메뉴를 정하는 건 내 몫이다. "뭐 먹고 싶어?" 하고 물어도 "뭐가 좋을까……." 할 뿐, 엄마가 생각해내지는 못한다. 여전히 엄마에게 판단은 힘든 일이다. 하지만 메뉴가 정해지면 적극적으로 도와준다. 요리 중에도 "이건 뭐에 쓸 거니?" "뭐 만드는 거야?" 하고 수차례 같은 질문을 했지만, 이는 해마가 손상된 이상 어쩔 수 없는 일이며 오히려 '만들고 싶어. 그러니까 어떻게 해야 하는지 가르쳐줘.'라는 적극적인 표현이다.

이제, 엄마와 함께 요리하고 함께 식탁에 앉았던 2년 반 동안의 일들을 상세하게 살펴보려 한다. 그 속에는 엄마의 문제도 있었지만 내 문제도 있었다.

그리고 구체적인 상황을 살펴본 후 왜 그런 문제가 발생했는지, 뇌과학 지식에 비춰 고찰해본다.

① 주특기 요리를 못 만든다

나는 가능하다면 엄마가 모든 것을 잃기 전에 엄마에게 요리를 배우고 싶었다.

엄마의 주특기 요리하면 바로 떠오르는 것은 튀김과 자완무시(표고버섯, 은행, 새우, 닭고기 등의 다양한 재료와 달걀을 풀어 찜통에 찐 요리.-옮긴이)다. 엄마의 튀김은 가족 모두가 좋아했다. 내가 초등학생 때 돌아가신 할아버지도 엄마에게 "네가 만든 튀김은 참 맛있구나." 하고 매번 칭찬하셨던 기억이 난다. 당시 외할머니는 직장 일이 바빴던 엄마를 걱정하셔서 가끔 우리 집에 음식을 보내주셨는데, 그 음식이 튀김일 때면 "역시 네가 만든 튀김이 더 맛있네." 하며 모처럼의 배려를 헛되게 했을 정도였다.

가족 모두가 좋아했던 엄마의 튀김을 배우고 싶었다. 그래서 엄마에게 튀김을 만들자고 하고는 만드는 모습을 관찰했다.

"튀김? 좋은 생각이야!" 하며 엄마는 적극적으로 요리를 시작했다. 내가 아무런 지시도 안 했는데 물어보지도 않고 요리를 해나갔다. 결국 나는 지켜보기만 했고, 엄마 스스로 전부 해냈다. 그것도 그때 한 번만이 아니라 튀김을 할 때는 항상 그렇게 했다. 자신 있는 요리는 아주 자연스럽게 진행되는 것이다.

알츠하이머병이었지만 그래도 초기였던 탓에 역시 많은 것을 기억하고 있었다.

그래서 튀김을 할 때 나는 실제로 손을 대지 않아서 엄마의 맛을 배운 것인지는 의문이지만, 만드는 방법만은 기억했다. 튀김은 기름을 많이 사용하는 음식이라서 매일 밥상에 올릴 수는 없지만 내가 옆에 서고 엄마가 처음부터 끝까지 혼자서 해내는, 나와 엄마의 특별한 요리 중 하나가 됐다.

하지만 안타깝게도 또 하나의 주특기 요리인 자완무시는 사정이 달랐다.

당시의 대화를 떠올려보며 왜 엄마의 자완무시를 배울 수 없었는지 생각해본다.

튀김과 마찬가지로 내가 자완무시를 만들자고 제안하자, 엄마는 "좋은 생각이야!" 하며 처음에는 씩씩하게 대답했다.

"자완무시 만드는 거 어려워?"

"간단해."

"그럼 같이 장 보러 갈까?"

"먼저 뭘 살지 적어보자."

그리고 엄마는 '달걀' 하며 자신 있게 적었다.

"그렇구나. 기본은 달걀하고 맛국물이라고 생각하면 되는 거지?"

"응, 맞아."

"맛국물은, 그 가루로 된 거 사서 써도 돼?"

"괜찮아."

"건더기는? 엄마가 예전에 넣었던 건 표고버섯, 닭고기, 파드득나물, 어묵 그리고 시금치 정도였나?(은행은 어려울 것 같아서 일부러 생략했다.)"

"그 정도면 돼."

둘이서 슈퍼마켓에 가자, 엄마는 솔선해서 바구니를 팔에 걸었다. 메모를 보면서 여러 번 오가기를 반복했지만 여하튼 완수했다. 그리고 집으로 돌아왔다.

"먼저 속 재료부터 썰까? 시금치는 데쳐둬?"

"그래."

"닭고기는 청주나 미림에 담가둬?"

"그래."

"내가 해둘 테니까 엄마는 어묵이랑 파드득나물이랑 표고버섯 썰어줄래?"

"표고버섯은 뭐 할 거니?"

"자완무시 만들 거야. 얇게 편썰기 하면 되지?"

"그래."

그리고 엄마는 신선한 생표고버섯에, 내가 시금치를 데치려고 끓여둔 물을 부었다.

"앗, 그거, 시금치 삶을 물이야. 물은 다시 끓이면 되기는 하는데, 생표고버섯도 데쳐야 해? 표고버섯 육수가 다 빠져버리는 거 아냐?"

"그래서 살짝 데쳤잖아."

나는 요리 경험이 부족하다 보니 정말로 생표고버섯에 끓는 물을 부어야 하는지 알 수 없어 떨떠름했다. 다시 한 번 물을 끓인다. 두 사람 다 떨떠름한 기분으로 말없이 요리한다. 어느새 표고버섯도 어묵도 닭고기도 필요 이상으로 많이 준비해버렸다.

"조금 많나?"

"괜찮지 않을까?"

"달걀이랑 맛국물은 어떻게 해? 달걀 몇 개 넣어?"

"두 개면 될 거 같은데."

"맛국물은? 찬물에 풀면 돼? 아니면 뜨거운 물? 달걀이랑 섞으면 되는 거야? 체에 안 걸러도 돼?"

"……."

일단 달걀 두 개를 풀어서 엄마에게 건네자, 엄마는 거기에 곧바로 다시가루를 뿌렸다. 그리고 표고버섯 등의 속 재료를 넣어둔 그릇 하나하나에도 뿌렸다.

"물은?"

내가 묻자, 엄마는 가루를 다 뿌린 후에 수도꼭지를 틀어서 그릇 위에 부었다.

"…… 그러면 되는 거야?"

"되지, 그럼. 이제 불을 켜보자."

결국 위쪽은 물렁물렁하고 아래쪽은 딱딱해서 식감이 불편했고, 전체적으로 간도 싱거웠다.

위의 대화를 보면 내가 엄마에게 배우려고 하면서도 한편으로는 신뢰하지 못하는 마음이 있다 보니, 엄마가 주체적으로 움직일 시간을 기다리지 못하고 자신의 미미한 지식을 앞세우고 있음이 충분히 드러난다. 그래서 튀김 때와 달리 엉망이 된 것으로 보인다.

② 새로운 음식을 신뢰하지 않는다

이전에는 거의 요리를 해본 적이 없어서 내가 할 수 있는 요리는 몇 가지 없다. 그리고 엄마가 생각해낼 수 있는 요리도 얼마 없다.

예전에 남자친구에게 도시락을 싸주고 싶은 마음에 한때 열심히 요리를 배운 적도 있었다. 엄마가 건강하실 때였고 우엉볶음, 감자고기조림, 브로콜리볶음 정도를 배웠었다. 그다음은 카레와 돼지고기미소시루. 이들 몇 가지 안 되는 음식의 반복으로 현재 우리 집 식탁이 채워지고 있다.

그래서 나는 인터넷 검색을 통해 탕수육 같은 새로운 요리에 도전해봤다. 물론 채소 다듬기 등의 엄마가 할 수 있는 작업은 부탁하면서 함께 만들었다. 하지만 엄마는 그런 새로운 음식을 웬만해선 드시지 않는다. 처음 만들어 본 음식이라 맛이 없었던 탓도 있겠지만, 맛있게 만들었을 때조차 "조금만 먹어봐." 하고 내가 몇 번을 재촉해도 "응."하고 대답만 할 뿐 젓가락을 대지 않는다. 기껏해야 젓가락 끝으로 소스만 살짝 찍어 입에 넣고서는 너무 맛없다는 표정을 짓는다.

식사 직후에 센베이를 드시는 걸 보면 배가 불러서는 아닐 터다. 그래도 나로서는 서둘러 일을 끝내고 귀가해 어렵사리 만든 음식이다. 정말로 맛없다고 해도 요리에 서툰 딸에게 거짓말이라도 맛있다고 해주면 안 되느냐는 생각에 화가 났다. "엄마, 너무한 거 아냐?" 하고 항의하자, 엄마는 "분명히 먹었잖아." 할 뿐이다.

엄마는 내가 새로운 요리를 만들 때마다 그런 식으로 거부했다. 어느 날 내 짜증은 정점에 달했다. "다시는 안 만들 거야!" 하고는 내 방으로 들어가 버렸다. 그러자 엄마는 아무래도 마음이 불편했는지(해마는 감정을 관장하는 '편도체'와 밀접하게 연결돼서 강렬한 감정을 일으킨 사건은 다른 사건보다 쉽게 기억으로 정착된다. 즉, 충격적인 사건은 쉽게 기억된다), 내가 새롭게 만든 음식은 내가 안 볼 때 아버지의 접시에 옮겨놓는 요령을 터득했다. 내 화를 돋우지 않고 자신도 불편한 감정을 느끼지 않아도 되는 방법이다. 내가 빨리 일어서기를, 정말로 초조한 표정으로 기다린다. 초등학교 급식에서 싫어하는 음식이 나오면 나도 그렇게 감췄었던 기억이 떠오른다. 그만큼 엄마는 내 요리를 싫어했고, 이 부분만큼은 상당히 완고하다.

③ 미각에 변화가 생긴다

또 한 가지 깨달은 건 엄마의 미각에 변화가 생겼다는 점이다. 엄마는 내가 만든 요리보다 과자나 편의점의 크로켓 등 '뚜렷한 맛'에 대해 확실하게 '맛있다'고 반응한다(그래서 더 화가 난다). 맛이 애매한 내 요리보다 안정적인 맛의 음식을 좋아한다(사실 이건 어쩔 수 없는 일인지도 모르지만). 편식도 심해졌다. 원래 육류는 그리 안 좋아하셨지만 돼지고기미소시루에 들어간 얇은 고기조차 일일이 걸러낸다. 생채소, 회, 스시 등 날것은 입에 대려고 하지 않았다. 그리고 조금이라도 모양이 이상한 것 등 불신하는 음식이 늘어났다.

④ 눈앞에 있는데 보이지 않는다

앞에서 미소시루를 만들 때 보았던 것처럼, 자신이 미소를 넣었는데도 또한 눈앞에 미소를 넣은 냄비가 존재하는데도 "미소 넣었니?" 하고 묻는다. 엄마는 종종 눈앞에 두고도 보지 못했다.

수도꼭지 앞에서도 같은 일이 일어난다.

우리 집 주방에는 빨간 밸브를 돌리면 뜨거운 물, 파란 밸브를 돌리면 찬물이 나온다. 10년 이상 그대로다. 하지만 엄마는 자신이 빨간 밸브를 돌렸으면서도 "이상해, 갑자기 뜨거운 물이 나와!" 하고 날마다 놀라신다. 아마도 두 개의 밸브가 있다는 것이 보이지 않는 모양이다.

어느 날 내가 "엄마, 밥 좀 올려줘." 하고 부탁하자, 엄마는

"응." 하고 대답하고는 국자를 들고 전기밥솥을 무시한 채 미소시루가 있는 가스레인지로 향했다. 전기밥솥이 어떤 것인지 인식하지 못했을 수도 있고, 어떠한 이유에선지 미소시루가 신경 쓰이던 차에 '밥'이라는 외부의 명령이 전해져서 혼란스러웠던 것인지도 모른다.

젓가락 수를 헷갈리는 경우도 많다. 아버지와 엄마 그리고 내 것까지 세 벌을 꺼내놓고는 다시 몇 명인지 몰라서 "몇 개가 필요하더라?" 하고 묻는다.

⑤ 과거의 추억에 지배된다

가장 가슴 철렁한 일은 모두가 한숨 돌리는 순간에 일어난다. 요리를 끝내고 마침내 식사를 시작하려는 순간 또는 요리가 잘돼서 맛있게 먹고 있을 때, 모두가 행복한 기분이 들 때만 꼭 앞에서 말했던 "꼬맹이들은 벌써 자니?" 하는 기이한 발언이 훅 날아온다.

'꼬맹이' 발언 말고도 오빠는 이미 결혼해서 출가했는데 식탁에 앉는 순간 엄마는 나와 아버지밖에 없는 걸 보고 "응? 오빠는 어디 갔니?" 하고 물을 때가 있다. 때로는 "어머? 벌써 간 거니?" 하며 주어가 없는 형태로, 누구 얘기인지 알 수 없는 말을 할 때도 있다. 그럴 때 "누가?" 하고 물어도 대답해주지 않는다. 여하튼 엄마에게는 식탁에 아버지와 엄마 그리고 나 외에 다른 누군가가 있었던 기억이 남아 있는 듯했다.

그밖에는 "이삼일 전에 ○○에게 전화가 와서 만났어." 하며, 수십 년 동안 연락을 안 한 어렸을 적 친구 이야기를 마치 어제 만난 것처럼 얘기할 때가 있다. 또한 내게 "오늘 하루 종일 친구랑 밖에서 놀았니? 집을 다 짓고 나니 기분 좋지?" 하고, 나로서는 무슨 말인지 알 수 없는 이야기를 할 때도 있다. 아버지에게 여쭤보니 아주 오래전에 엄마의 본가를 새로 지었을 때가 있었고, 그때의 감정이 식탁을 계기로 되살아난 것 같다고 하신다.

엄마는 시공간을 넘어서 과거와 현재를 뒤섞어 이야기한다. 행복한 기억이 있는 식탁에서는 특히 자주 그런 일이 생긴다.

엄마는 나와 오빠가 가장 귀여웠던 때로 돌아가서 아직 '꼬맹이'가 있다는 착각을 하시는 듯하다. '꼬맹이'는 사흘에 한 번 등장한다. 또한 '꼬맹이' 시절만큼 먼 옛날은 아니지만, 결혼해서 출가한 오빠가 때때로 엄마의 마음속에는 아직 집에 있는 사람이라서 "오빠는 어디 갔니?" 하고 찾는다.

그리고 엄마 자신이 어렸을 때 식탁에서 있었던 추억도 강렬한 듯하다. 엄마에게는 어렸을 적 가족처럼 지내던 옆집 친구가 있어서 거의 매일 함께 밥을 먹었다고 한다. 그러니까 엄마의 본가는 이웃 사람들과 친척들이 모여드는 떠들썩한 집이었다. 엄마가 지금 자꾸 누군가가 가버린 것 같은 기분이 드는 것은 당시에 비해 세 사람뿐인 지금의 식탁이 너무 쓸쓸하기 때문인지도 모른다.

⑥ 기분이 좋을 때는 노래한다

요리할 때 특히 내 도움 없이 엄마 혼자 집중해서 잘해나갈 때 엄마는 〈초련〉이라는 노래를 자주 부른다. 누구의 곡인지 그리고 어떤 추억이 있는 노래인지는 확실치 않다(확인하려고 했지만 정확한 답을 알아내지 못했다). 기분 좋게 노래를 부르고 있을 때는, 그날 실제로 있었던 재밌었던 일이나 인상적이었던 일 등을 적절하게 얘기하는 경우가 많다.

예컨대 정말로 할머니 병문안을 다녀온 날에 "오늘 입원 중이신 할머니 병문안 갔었는데 아주 건강하셨단다. 네가 어떻게 지내는지도 물어봐 주셨어."라고 말씀하셨다. 그날 병원에 함께 다녀오신 아버지에게 물어보니 정말로 할머니가 그런 말씀을 하셨다는 사실도 확인할 수 있었다. 할머니 병원에 갔을 때뿐만 아니라 엄마가 콧노래를 부를 때는 그날의 일들을 제대로 그리고 이해할 수 있게 이야기할 때가 많다.

⑦ 눈에 들어오는 것에 따라 움직인다

요리가 끝나고 엄마는 방금 만든 반찬을 냄비에서 덜어내 커다란 접시에 시간을 들여 정성껏 담아냈다. 하지만 그때 내가 식탁에 놓으려고 꺼내놓은 세 사람분의 개인 접시가 엄마의 눈에 들어왔고, 엄마는 바로 그 자리에서 재빨리 작은 접시에 음식을 나눠 담기 시작했다. 그럴 거면 큰 접시에 정성껏 담을 필요도 없었고, 처음부터 곧바로 작은 접시에 담았다면 설거지도 줄었을 텐데, 하는 생각은 내 마음의 소리다.

이처럼 그 순간 자신의 눈에 들어온 것에 따라 움직이기 때문에 하다 말고 내버려 둔 일들이 많다. 예컨대 밥을 짓던 도중에 무언가가 눈에 들어와 그쪽으로 이동해버린 탓에 밥솥의 뚜껑이 열린 채 방치되어 있다든지.

⑧ 설거지는 양보하지 않는다

"이건(채소) 여기(냄비)에 넣니?" 하고, 엄마는 냄비는 하나뿐이고 그 외에는 선택지가 없을 때도 내게 묻는다. 또한 "미소는 이 정도 넣으면 될까?" 하고, 자신의 혀로 확인하면 될 일도 묻는다. "엄마 마음대로 해도 돼." "엄마가 판단해도 돼." 하고 말하지만, 엄마는 어떻게든 허락을 받으려고 한다. 판단력이 떨어져 못하는 경우도 있겠지만, 실수가 두려워서일 수도 있고 나중에 책망받는 게 싫어서일 수도 있다. 또한 이런 것까지 내게 물어봐야 한다고 생각할 만큼 평상시에 내가 과도하게 엄마의 의사결정을 대신하는 탓일 수도 있다.

그래서일까, 엄마는 식후의 설거지만큼은 내가 손을 못 대게 한다. 최근 2년 반 동안 단 한 번도 설거지를 양보한 적이 없었다. 내가 그릇을 들고 주방으로 옮길 때면 반드시 "거기에 두렴. 내가 할 테니까. 넌 그냥 앉아 있어." 하고 말씀하신다. 설거지는 개수대에 있는 그릇을 스펀지로 닦으면 그만이다. 단순하다. 엄마는 '설거지라면 할 수 있다'는 확신이 있을 것이다.

그래서 나는 돕지 않는다. 설령 세제 사용을 깜박하거나 덜 씻어졌다고 해도. 주방에서 노랫소리가 들려오면 나는 무척 행복한 기분이 든다.

(9) 혼자 있을 때는 아무것도 먹으려 하지 않는다

엄마는 나와 아버지가 없는 날에는 식사하지 않고 귀가를 기다린다. 가끔 과자를 먹을 때가 있는 듯하지만, 식사하는 낌새는 전혀 없다. “식사는 했어?” 하고 물으면, “아니, 너 오길 기다렸지.” 하고 대답한다. 원래가 소식하시는 분이라서 젊었을 때 아버지는 자주 엄마를 ‘이슬만 먹고 사는 사람 같아.’라고 놀렸던 기억이 난다. 체구도 작고 원래 소식가였던 엄마의 습관을 생각하면 특별히 걱정할 필요는 없겠지만, 나와 아버지가 아침에 나가서 밤 10시 무렵에 귀가해도 엄마가 그때까지 식사를 안 하고 홀로 소파에 앉아 있다고 생각하면, 역시 마음이 아프다. 엄마를 힐끗 보자 “뭐?” 하고 민감하게 반응하며 “같이 먹으려고 했을 뿐이잖아.” 하며 웃어 보인다.

뇌과학적 접근

이러한 엄마의 언동을 뇌과학으로 이해해보고자 한다.

먼저, 튀김은 만들면서 자완무시는 못 만드는 이유에 대해 기억의 종류가 설명해줄 것이다.

① 기억의 종류

알츠하이머병에 걸리면 한 번에 기억이 다 사라지는 것이 아니다. 인간의 기억에는 몇 가지 종류가 있고, 종류마다 담당하는 뇌 부위가 다르다. 앞에서도 언급했듯이 알츠하이머병에서 가장 먼저 손상을 입는 부위는 해마이다. 그렇다면 해마가 관여하는 기억에만 문제가 생기고, 그 외의 기억은 정상이어야 한다.

인간의 기억은 크게 '단기기억'과 '장기기억'으로 나뉜다.

단기기억은 이름 그대로 몇 초만 유지하는 기억이다. 예컨대 전화를 거는 동안만 전화번호를 기억하는 등 어떤 작업을 완료하기 위해 몇 초 동안만 유지하는 기억이다. 용무가 끝나면 바로 버리는 기억으로 주로 전두엽이 담당한다.

엄마의 경우 현재로서는 이 부분은 정상이다. 그렇기 때문에 '미소시루를 만든다'는 몇 초 이상 기억해야만 하는 최종 목표는 잊어도 '무 썰기'라는 바로 앞의 목적은 해낼 수 있는 것이다.

한편 장기기억은 몇 초보다 긴 시간 동안 유지되는 기억이다.

장기기억은 다시 '서술기억'과 '절차기억'으로 나눌 수 있다.

서술기억은 오랫동안 유지되며 언어로 표현할 수 있는 기억이다. '그때, 그곳에서, 이런 일이 있었지' 하는 개인적인 일화의 기억이다. '그때 미소시루를 만들려고 했다'는 기억도 여기에 포함된다.

또한 개인적인 기억뿐만 아니라, 대부분의 사람들이 공유하는 지식이나 단어의 의미 같은 기억도 서술기억이다. 언어로 표현할 수 있는 기억이기 때문이다. 예컨대 누군가가 '신주쿠'라고 했을 때, 사람들은 머릿속에 '동쪽 출구에는 쇼핑몰 알타와 가부키초 거리와 이세탄백화점이 있고, 서쪽 출구에는 도청이 있는 그곳'을 떠올릴 것이다. 단어의 뜻도 이런 의미에서 '기억'이다.

이 서술기억을 저장하고 떠올리기 위해서는 해마의 작용이 반드시 필요하다. 그런 까닭에 알츠하이머병의 경우 서술기억에 심각한 영향을 받는다. 새롭게 생긴 일화가 정착되지 못하거나, '미소시루를 만들려고 했다'는 사실을 잊거나, 과거의 에피소드를 제대로 표현하지 못하거나, 적절한 단어를 잘 떠올리지 못하게 된다.

이에 반해 '절차기억'은 오랫동안 유지되며 언어화되지 않는 기억이다. 예컨대 자전거나 스키를 타는 법, 충분히 익숙한 귀갓길, 열쇠를 여는 법처럼 사람에게는 언어를 통하지 않고 '몸'으로 반복했던 기억이 있다. 이 기억은 대뇌기저핵과 소뇌가 주로 담당한다. 그런 까닭에 알츠하이머병에서 절차기억에 문제가 없는 경우가 많다.

알츠하이머성 치매에서 위축되는 건 '해마'이다. 즉, 장기기억 중에서 서술기억에 미치는 영향이 심각하다. 하지만 같은 장기기억이라고 해도 대뇌기저핵과 소뇌가 담당하는, 언어가 아닌 몸으로 외운 절차기억에는 영향이 없기 때문에 기억하고 있고 떠올릴 수 있다.

튀김과 자완무시 이야기를 떠올려보자. 수없이 반복해서 만들었던 요리는 굳이 만드는 법을 말로 확인하지 않아도 가능하다. 몸으로 외운 기억, 즉 절차기억이 되었을 가능성이 있다. 실제로 엄마는 아무 말도 안 하고 튀김을 만들 수 있었다.

그래서 튀김과 마찬가지로 예전에 자주 만들어서 몸으로 기억했을 자완무시를 만들지 못했던 이유는 엄마의 몸에 맡기지 않고 내가 말로 먼저 질문해버렸던 탓이라고 추측할 수 있다. 나는 무심코 '맛있게 만들고 싶다' '실패하기 싫다'는 생각에, 지금부터 만들 요리의 과정을 언어를 통해 의식적으로 먼저 확인하려고 했다. 하지만 그렇게 하면 오히려 잘 떠올리지 못하는 것이 절차기억이다.

몸이 알아서 무의식적으로 하는 일을 의식하게 되면 갑자기 못하게 되는 경험은 누구에게나 있을 것이다. 예컨대 평상시에는 자연스럽게 하는 동작인 '걷기'도 '오른손과 왼발이 함께 나가야 한다'고 의식한 순간 동작이 제대로 되지 않는다. 그처럼 나는 엄마에게 의식을 강요해버렸던 것이다. 몸에 맡기면 저절로 되는 일이 있다는 사실을 잊지 않아야 한다.

② 안심의 문제

엄마가 나의 새로운 요리를 신뢰하지 않았던 이유는 무엇일까.

먼저 '안심'의 문제가 있을 듯하다.

이전에는 엄마가 혼자서 요리를 해왔지만 이제 그럴 수 없게 됐다. 그리고 딸이 자신의 공간에 들어와 지시를 내리기까지 한다.

혼자 요리를 할 수 없게 된 엄마에게 주방에서의 내 존재는 어느 정도 필요하다. 하지만 그로 인해 엄마는 엄마의 공간과 자존심을 빼앗겼다. 더구나 아직은 엄마가 요리를 할 수 있는데, 설사 요리를 못하게 된다고 해도 주방에 새로운 사람이 들어오는 것이 좋을 리 없다.

'새로운 사람'뿐만 아니라 '새로운 음식'도 엄마 입장에서는 '새로운 것이 들어와서' 자신의 영역을 빼앗는 느낌이 들 수도 있다. 자신이 이제껏 만든 적이 없는 음식이 식탁에 메인으로 놓인다. 내 의도와는 달리 그 상황이 엄마에게는 모욕이 될 수도 있다.

또한 사람은 자신이 위협받으면 보수화되는 경향이 있다. 치매는 날마다 잊히는 것이 늘어나고 그로 인해 어쩔 수 없이 실수도 늘어난다. 가족 앞에서, 때로는 타인 앞에서 사소한 일이지만 실패를 하게 된다. 그로 인해 어쩔 수 없이 자존심도 위협받게 된다. 그래서 어떻게든 자존심을 지키려고 '새로운 것' '모르는 것' '자신과 다른 것'을 배제하려는지도 모른다.

그렇게 엄마의 기분을 이해는 해도, 노골적으로 맛없다는 표정을 보이면 요리 초보자인 나로서는 상당히 의욕이 꺾이는 가혹한 일이다. 엄마와 나의 이 대립은 2년 반 동안 계속 이어지고 있다. 엄마는 나 없이는 혼자 요리하기가 힘들다. 하지만 내가 지나치게 주도권을 쥐면 엄마의 자존심이 위협받는다.

이 문제에 대해 고민하다가 생각해낸 방법이 있다. 쉽지는 않겠지만, 엄마가 누구의 지시에 따라 요리를 하는 느낌이 아닌, 자신이 주도적으로 요리를 한다는 느낌을 확실하게 가질 수 있도록 하는 것이다.

채소 다듬기 같은 비교적 단순한 작업은 내가 하고, 불 앞에 서서 간을 맞추는 등 중요하게 보이는 역할을 엄마가 담당하도록 했다. 어떤 순서로 어떤 조미료를 넣을지 등의 지시는 내가 하지만, 엄마를 요리의 다양한 과정에 참여하게 한다. 그리고 '이건 엄마가 해줘.' 하는 식으로, 엄마에게 맡긴다는 말투를 써서 자신이 요리하고 있다는 실감을 갖도록 노력했다. 그렇게 하다 보니 엄마의 완고함이 조금씩 풀어지는 느낌이 들었다.

하지만 처음에는 부드러운 말투로 지시를 하다가도 엄마가 계속해서 잊어버리고 좀처럼 실행이 되지 않으면 결국 기다리지 못하고 내가 해버리는 경우도 있고, '내가 왜 이렇게까지 저자세로 나가야 할까?' 하는 생각이 들 때도 있다. 지시를 내리는 일은 쉽지 않다.

그리고 엄마는 지금도 여전히 새로운 요리에는 손을 대지 않는다. 엄마의 식욕을 위해서는 당분간 엄마에게 익숙한 요리를 계속 만드는 편이 좋을 듯하다.

(3) 미각에 영향을 주는 것

치매 탓을 하고 있지만 사실 엄마가 내 요리를 싫어하는 이유는 단순히 맛이 없어서인지도 모른다. 하지만 그 가능성은 제외하고 이야기를 진행하자.

'안 먹는' 이유는 안심의 문제 외에 엄마의 미각에 실제로 변화가 일어났기 때문일 수도 있다.

미각과 기억

마르셀 프루스트Marcel Proust가 쓴 소설 『잃어버린 시간을 찾아서*À la recherche du temps perdu*』에서 홍차에 재운 마들렌 향기를 맡자 갑자기 어렸을 때의 기억이 선명하게 되살아나는 유명한 장면이 있다. 실제로 시각이나 청각 등 다른 감각정보가 시상視床과 대뇌피질을 매개로 해서 해마에 전달되는 것과 달리 후각은 그 과정 없이 직접 해마로 전달되는 경로가 있다. 향기는 기억을 불러오는 데에 확실히 중요한 자극이 된다.

이처럼 후각적 자극과 해마 사이에 깊은 관계가 있다 보니 알츠하이머병으로 해마가 손상되면 음식 맛의 일부인 '냄새'를 맡기 어려워져 미각이 변할 가능성도 있다.

내장기관과 미각

나이가 들면서 생채소나 회 등 가열하지 않은 음식을 받아들이지 못하는 경우가 더러 있다. 이는 타액의 분비, 위액의 분비, 치아, 저작근육, 연동운동 등의 기능이 노쇠해져 젊은 사람보다 소화가 힘들어지기 때문으로 보인다.

또한 나이뿐만 아니라 알츠하이머병에 처방되는 약(레미닐)은 소화기계에 부작용이 나타날 가능성이 높은 약이다. 엄마는 실제로 그 약을 처음 먹었을 때 부작용으로 '속이 울렁거린다'며 이틀 동안 앓아누웠다. 이틀 뒤 그렇게 심한 증상은 사라졌지만, 소화기계에 영향이 있었을 가능성은 있다. 그래서 엄마는 날것 요리를 맛없게 느끼는 등 입맛이 변했는지도 모른다.

음식을 '맛있다'고 느끼기 위해서는 미뢰味蕾라는 혀의 센서만 발달하면 되는 게 아니라 소화기계의 건강상태, 냄새와 맛에 관여하는 뇌의 감각통합, 자존심의 유지 등 복잡한 요인이 결합해야만 성립하는 것이다.

④ 감각의 오버플로와 주의력의 메커니즘

눈앞에 있는 것을 인지하지 못하는 문제에 대해 앞에서 언급했다. 이는 병원에서 엄마의 뇌를 측정한 ②(57쪽)의 결과, 즉 후두정피질의 활동저하로 이해할 수 있다. 후두정피질은 디폴트 모드 네트워크의 일부지만 '주의력'에 있어서도 중요한 작용을 한다.

사람의 뇌에는 시시각각으로 막대한 정보가 눈과 귀와 피부와 내장기관을 통해 전해진다. 하지만 그러한 감각정보가 뇌에 전달된다는 것과 그 정보를 의식적으로 인식한다는 것은 다르다. 예컨대 시야에 들어온다고 해서 보이는 것은 아니다. 건강한 사람도 눈의 망막에 들어온 정보 전체를 인지하는 것은 불가능하다. 틀린 그림 찾기에서 두 장의 그림을 비교해 봐도 곧바로 차이를 찾아내지 못한 적이 있을 것이다. 망막에는 처음부터 두 장의 그림이 가진 모든 정보가 들어가 있음에도 뇌가 그 차이를 알아채지 못하는 것이다.

이를 '의식'에 대한 감각정보의 '오버플로overflow(넘침)'라고 한다. 의식이 파악하기에는 감각의 정보량이 너무 막대한 것이다. 그래서 모든 정보를 취할 수 없기 때문에 우리의 뇌는 중요한 것을 놓치지 않기 위해 주의력의 메커니즘을 발달시켰다. 그 일부가 후두정피질이다.

이를테면 오른쪽 후두정피질이 손상된 사람 중에는 자신의 왼쪽에 있는 사물을 전부 무시하는 사람이 있다('편측공간실인片側空間失認, Hemispatial agnosia'이라고 한다). 식탁 위에 놓인 왼쪽 반찬을 인지하지 못하고 오른쪽 반찬만 먹는다. 시계의 문자판 그림을 그리게 하면 12부터 7 정도밖에 못 그린다(그림4). 시력에 문제가 있는 것이 아니라 주의력이 미치지 못하는 까닭이다. 그 증거로 다른 사람이 "여기."하고 가리키면 그제야 왼쪽 사물이 보이면서 "여기에 이런 게 있었어? 몰랐어!" 하고 놀란다고 한다.

그림4 **편측공간실인**

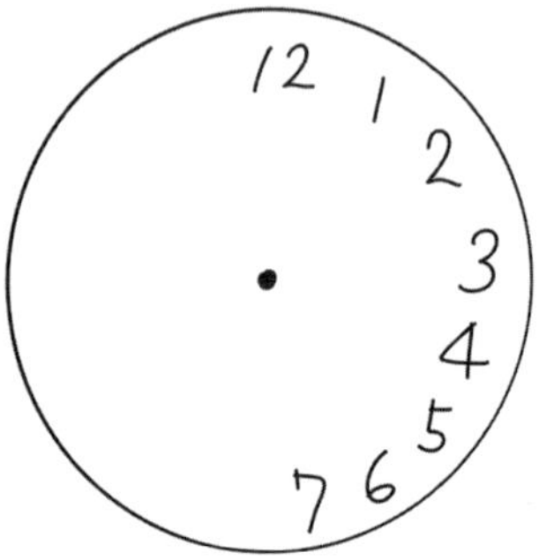

후두정피질의 오른쪽이 손상된 환자에게 원 안에 시계의 문자판을 그리게 하면 오른쪽 절반만 그리고 왼쪽 공간은 비워둔다.

엄마가 눈앞의 것을 보지 못하는 이유는 후두정피질의 활동 저하로 주의력이 미치지 못하기 때문일 것이다(후두정피질의 기능은 100쪽 이후에 자세하게 설명한다).

⑤ 과거의 기억 속은 안심할 수 있는 곳

과거의 기억과 현재가 뒤섞여서 구별하지 못하는 이유는 무엇일까.

이는 해마의 위축으로 '지금 이곳'을 기억하지 못해 '현재'에 대한 인식이 약해지면서 상대적으로 '과거'의 기억이 강렬해진 탓이라고 추측할 수 있다. 엄마에게는 지금보다 과거가 선명하고 신뢰할 수 있다.

사람이 기억을 떠올리는 데에는 세 단계가 있다. ① 인코딩-외부에서 들어오는 정보를 기호화해서 뇌에 저장할 수 있는 형태로 만들고, ② 스토리지storage-이를 저장하며, ③ 리트리브-이를 꺼내는 단계다. 엄마가 식탁에서 현재의 문맥에 안 맞는 '꼬맹이'를 떠올리는 이유가 무엇인지 이 세 단계를 통해 이해해보자.

먼저 직접적이진 않으나 확인해두어야 할 사항이 있다. 기억을 '떠올리기' 위해서는 이 세 단계가 필요하기 때문에 설령 어떤 기억이 '떠오르지 않는다'고 해도 반드시 그 저장된 기억이 사라졌음을 의미하는 것은 아니다. 기억이 떠오르지 않는 것은 애초에 외부 정보가 뇌에 제대로 전달되지 않았을 가능성(인코딩의 실패)도 있고, 제대로 저장됐지만 꺼낼 수 없을 뿐일 가능성(리트리브의 실패)도 있다. 결국 ②의 스토리지(저장된 기억)가 사라졌다고 단정할 수 없다. 알츠하이머병에서 문제가 되는 해마는 ①의 인코딩과 ③의 리트리브에 관여한다. ②의 스토리지는 대뇌피질이 담당하는 것으로 보고 있다.

결국 최소한 초기 알츠하이머병에서 일어나는 '기억이 떠오르지 않는' 현상은 기억이 사라져서가 아니고, 애초에 정보를 기억으로 정착시키지 못했거나 과거의 기억은 남아 있지만 제대로 꺼내지 못해서 일어난다. 기억 자체는 사라지지 않는다. 따라서 과거의 기억에 접근할 수만 있으면 언제든지 떠올릴 가능성이 있다.

하지만 해마의 작용에 이상이 생겨서 기억에 제대로 접근하지 못하게 된다. 대뇌피질에 저장된 기억에 대한 접근이 비정상적으로 이루어지면서, 주위에서 볼 때 부적절한 상황에서 과거의 일이 떠오르기도 한다.

식탁에서 현재에는 존재하지 않는 '꼬맹이'의 기억이 엄마에게 떠오르는 것은 바로 그런 과정이라고 추측된다.

내게 '꼬맹이'는 예전 일이고 지금 꼬맹이로 불리는 건 이상하지만, 엄마에게는 안심할 수 있는 식탁에 앉으면 자신이 안심했던 시기(예컨대 나와 오빠가 아직 '꼬맹이'고, 엄마가 집안의 중심이었던 때)의 식탁과 겹치면서 그때의 기억이 되살아나는 것뿐인지도 모른다.

그렇다면 '예전 기억이 더 선명하다'는 의미는 무엇일까.

해마에 문제가 있으면 새로운 것을 기억하지 못할 뿐더러, 과거라고 해도 최근 수년의 기억을 잘 떠올리지 못하는 경우가 있다(역행성건망). 대뇌피질에 기억을 저장하는 것은 수년에 걸쳐 이루어지기 때문에 해마가 손상을 받았을 때를 기준으로 수년치의 과거 기억은 아직 대뇌피질에 충분히 정착되지 않아 영향을 받았다고 추측할 수 있다. 결국 누구나 서술기억은 오래된 일일수록 잊히지 않는다는 사실을 알 수 있다.

하지만 건강한 사람의 경우 현재의 현상도 선명하게 지각되고 인식되며 현재와 과거가 구별되지만, 알츠하이머병으로 해마에 문제가 생긴 엄마에게는 현재의 인식이 약해진 탓에 예전과의 구별이 잘 되지 않는 것으로 보인다. 나와 오빠가 어렸을 때의 기억과 그보다 더 오래된 엄마 자신이 아이였을 때의 기억이 그대로 현재에 침입한다.

바꿔 말하면, '꼬맹이'가 자주 나타나는 것은 그만큼 엄마의 기억 시스템에서 '꼬맹이'가 커다란 위치를 점하고 있다는 뜻이다. 가슴 철렁한 일이기는 했지만, 그 사실을 확인할 수 있어서 내게는 엄마의 애정을 가장 크게 느낀 일이 되었다.

⑥ 주체성의 감각과 행복

내 지시를 받지 않고 엄마 혼자 집중해서 무언가를 해낼 수 있을 때면, 엄마는 노래를 부른다.

'지금 이것을 하는 사람은 나다' '이것은 내가 한 거다' 하는 느낌을 뇌과학에서는 '주체성의 감각'이라고 부른다. 주체성의 감각은 인간의 행복에 중대한 영향을 주는 것으로 알려져 있다.

주체성의 감각을 빼앗긴 사람은 우울증에 걸리기 쉽다. 인간은 무엇이든 자신의 작용을 보길 원하는 성향이 있어서 자신이 절대로 조종할 수 없는 불규칙적인 상황, 예컨대 복권 같은 것조차 '스스로 생각해서 번호를 선택하면 당첨될 수 있다'고 착각한다. 설령 착각이라도 무언가가 자신에 의해 좋아졌다거나 자신이 영향을 주었다고 느낌으로써 자신의 의미를 확인한다. '자신이 결정한다'는 실감은 중요하다. 그 느낌을 전혀 얻지 못하면 자신이 무력하다는 생각에 우울해진다.

나이가 들면 다리가 아프거나 몸 상태가 나빠지는 등 여러 가지 원인으로 스스로가 자신의 인생을 이끌어간다는 느낌이 젊었을 때보다 약해진다.

하버드대학 심리학 교수인 앨렌 랭거Ellen Langer가 시행한 양로원 연구는 이러한 사실을 잘 보여준다. 예컨대 자신의 방 가구 배치를 자신이 마음대로 바꿀 수 있고, 방에 놓을 화분을 직접 골라서 책임지고 키울 수 있고, 또한 도움이 필요하면 자신이 직접 도움을 요청할 수 있는 등 본인에게 선택권이 있고 스스로 책임을 지는 경우와 그렇지 않은 경우에 노인들이 느끼는 행복도는 완전히 달랐다. 스스로 책임을 진 사람과 그렇지 않은 사람은 날마다 얼마만큼 활발하게 움직이는지와 같은 활동도도 달랐다.

시설 직원이 '우리가 책임을 지고 당신이 쾌적하게 살도록 하겠다'며 방을 본인이 원하는 대로 정리해주거나 본인이 원하는 화분을 키워주거나 하면, 결과적으로 '본인의 희망사항대로'인 것은 마찬가지지만, '스스로 책임을 지는' 경우에 비해 행복도와 활동도가 현저하게 낮아진다. 결국 '희망사항대로 된다'가 중요한 것이 아니라 아무리 사소한 일이라도 그리고 실패하더라도 '자신에게 선택할 여지가 있고 책임을 지며 생활하는 것'이 행복을 느끼며 활동적으로 생활할 수 있는 비결이다.

엄마도 '자신이 하고 있다'는 주체성의 감각을 느낄 때에는 행복한 기분으로 좋아하는 노래를 흥얼거린다. 엄마에게 '지금 현재'는 불안정해서 상황에 맞지 않는 말을 할 때가 많지만, 주체성을 느끼며 안심할 때는 '오늘 있었던 일'도 마음을 열고 말할 수 있게 된다. 엄마의 이야기가 실제 내용과 일치한다는 것은, 엄마 마음에 공포나 불안이 없으면 현재의 기억도 바르게 저장할 수 있고 바르게 불러낼 수 있다는 방증이다.

⑦ 행동 유도성

'눈에 보이는 것에 따라 움직인다'는 문제에 대해서도 생각해보자.

알츠하이머병을 앓는 사람들은 해마의 기억정착 문제로 현재의 일을 몇 초 동안밖에 유지하지 못해서 하려던 일을 잊고 지금 눈에 보이는 것에 따라 행동하는 경우가 많다.

그렇기 때문에 엄마가 큰 접시를 식탁까지 옮기게 하려면 중간에 작은 접시가 보이지 않도록 하는 것이 가장 좋은 방법이다. 심리학에서는 주변 상황에 따라 인간의 행동이 유발되는 것을 환경의 '행동 유도성'이라고 한다. 예컨대 푹신푹신한 의자에는 오랫동안 앉아 있게 되고, 딱딱한 의자라면 자신도 모르게 빨리 일어서게 된다. 자신의 의지가 아닌, 주변 상황에 따라 무의식적으로 행동하게 된다.

엄마도 작은 접시가 그곳에 있어서 나눠 담고 싶어졌던 것이다.

'애써 큰 접시에 예쁘게 담았으니 아버지에게 보여준 후에 식탁에서 작은 접시에 나눠 담자'는 목적을 끝내려면 큰 접시를 식탁에 올리기까지의 기억을 유지할 힘과 의지가 필요한데, 엄마는 그 힘이 약해져서 작은 접시의 유혹에 쉽게 무너진다. 따라서 작은 접시를 치우면 된다.

행동 유도성은 다른 경우에도 작용한다.

엄마는 정리정돈을 좋아하는 사람이었지만, 현재 엄마의 옷은 식탁 의자 하나에 수북이 쌓여 있다. 물건을 정리할 힘이 약해진 탓인데, 나는 정리가 안 된 이 상태 그대로 두는 것이 좋다고 생각한다. 옷장에 넣으면 '없는 것'과 마찬가지가 되기 때문이다. 옷이 식탁 의자에 있으면 눈에 보이고, 거기에 유발되어, 스스로 입을 수 있다. 엄마는 보이는 것 안에서 움직인다. 그래서 한 계절 내내 거의 같은 옷을 입지만 그렇게 안 하면 매일 아침 옷을 고르고 입는 일을 아버지나 내가 도와줘야 한다. 그렇게 되면 엄마도, 나도, 아버지도 절망감을 맛보게 될 것이다.

⑧ 자신의 공간 확보

엄마는 식사 후의 설거지만은 2년 반 동안 혼자 해왔다.

이 부분에서 내가 깨달은 것은 엄마의 자존심을 지키기 힘든 상황이 많아졌다는 점이다. 다른 사람에게 지시를 듣는 경우가 많아지고, 그러다 보면 실수가 늘어난다. 그래서 엄마의 공간을 만들어 드리기 위해 설거지만은 전적으로 맡겨둔다.

엄마는 설거지할 때 가끔 세제 없이 물로만 헹구기도 하고(게다가 온수를 틀 줄 몰라서 겨울에도 찬물로 설거지를 하는 바람에 손이 얼어버린 때도 있었다), 찌꺼기가 남아 있을 때도 있지만 어지간하면 못 본 척한다.

나는 효율과 계획성을 추구하는 성격이라서 어떻게 해서든 최단 시간에 집중해서 일을 끝내는 걸 좋아한다. 그러다 보니 "물로만 씻으면 안 돼." "세제 푼 물에 그릇을 모두 담가야 해." "다른 순서로 하는 게 좋아." 등등 자꾸 참견하게 된다. 하지만 그렇게 참견해버리면, 엄마가 '마지막까지 혼자서 해냈다'는 성취감을 느낄 기회를 빼앗는 것이 된다.

비록 실수가 있고 비효율적으로 보여도, 엄마는 그 속에서 '스스로 하고 있다'는 감각을 느끼며 즐거워하는 것이다. 내게는 '대혼란'으로 보여도 엄마에게는 '필사적으로 살아가는' 것인지도 모른다.

나와 엄마는 다른 존재이고, 각자의 시간 감각과 의지가 있다는 것을 존중해야 한다.

⑨ 증상과 성격

엄마는 혼자 있을 때 아무것도 먹으려 하지 않는 모습을 보인다.

이 문제에서는 그 사람의 '성격'을 생각해야 한다. 앞서 해마 등 뇌 부위에 대한 설명을 잠깐 했지만, 실제로는 같은 뇌 부위에 손상을 입어도 사람에 따라 드러나는 증상은 다르다. 문제가 있는 부위는 다른 부위와의 네트워크를 형성하고 있는데, 그 네트워크의 구조는 각 개인이 살아온 삶에 따라 달라진다. 그래서 알츠하이머병으로 나타나는 증상은 개인의 원래 성격에 따라 달라진다.

성격이란 그 사람이 태어나서 지금까지 어떤 환경에서 자랐고, 무엇을 했으며, 무엇에 기쁨을 느끼고, 무엇에 아픔을 느끼며, 무엇에 움직이고 움직이지 않는지 하는 것들에 따라 변해온 뇌 속에 뻗어 있는 신경세포의 네트워크다. 엄마가 해마의 손상으로 혼자 요리하는 것이 힘들어진 것은 다른 알츠하이머성 치매 환자와 마찬가지지만, 그로 인해 '하루 종일 먹지 않는다'는 선택을 하는 것은 엄마의 성격이며 '너 기다리느라 그랬다'는 이유를 붙이는 것도 엄마의 성격이다.

수많은 실수와 아찔한 일들이 일어나지만, 그런 속에서도 확실히 그 사람의 성격을 느낄 수 있다. '너 기다리고 있었어'라는 말을 들으면 '엄마답다'고 느껴져 나는 조금 기뻐진다. 엄마의 증상을 열거해보면 확실히 '알츠하이머병'이지만, 그게 전부는 아니다.

기억은 되살리지 못할 뿐 모두 남아 있을까

'기억은 전부 그대로 남아 있습니까?'라는 질문을 받을 때가 있다.

앞서 언급했듯이, 기억을 저장하고 있는 곳은 대뇌피질이며 적어도 알츠하이머병 초기에는 예전의 기억이 사라진 것은 아니다.

알츠하이머병 환자가 아니라도 사람들은 모든 것을 기억해내지는 못한다. 그렇다면 그동안 살면서 경험했던 기억들은 떠올리지 못할 뿐 전부 남아 있는 것일까.

가끔 무언가에 자극받아 까맣게 잊고 있던 옛날 일이 불현듯 선명하게 되살아날 때가 있다. 그래서 평상시에는 접속할 수 없지만, 우리가 체험한 것은 전부 뇌의 어딘가에 남아 있지 않을까 하는 생각이 든다. 하지만 그렇다면 기억의 양이 너무 막대해지지 않을까? 지워지는 기억도 있지 않을까?

그 부분을 알아내기 위해 특수한 실험을 했던 사람이 있다. 1822년 출생의 과학자 겸 탐험가인 프랜시스 골턴(1822~1911년. 영국의 인류학자이며 우생학의 창시자이다. 인격 형성에 중요한 것은 환경보다 유전이라고 강조했으며 인류의 유전학적 개량의 필요성을 주장했다. 대표 저서로 『자연의 유전*Natural Inheritance*』이 있다.-옮긴이)이다.

골턴은 우리가 의식하는 것이 기억의 전부가 아니라, 기억하고 있음에도 우리가 제대로 의식하기 전에 모습을 감추는 기억이 있을지도 모른다고 생각했다. 그렇다면 깨어 있는 동안에 지금 자신의 마음속에 어떤 것이 떠오르는지를 모두 자각해보면 어떨까? 기억의 전모를 알 수 있지 않을까? 그것은 대체 얼마만큼의 양일까?

그런 의문이 들었던 골턴은 자신을 피험자로 해서 연구를 시작했다. 깨어 있는 동안에 자신의 마음이 움직이는 것을 하나하나 전부 추적할 수는 없겠지만 가능한 만큼 추적해보자는 생각으로 다음과 같은 방법을 사용했다.

그는 자신에게 친숙한 거리인 런던 중심부의 펠멜 가를 느긋하게 산책한다. 이때 눈에 들어온 물체가 있으면 걸음을 멈추고 오롯이 물체에 집중하면서 그 물체와 관련된 일이 한두 가지 정도 떠오를 때까지 마음이 자유롭게 떠돌도록 한다. 떠오른 기억을 머릿속에 잘 담아두고 다음 물체로 나아간다. 그런 식으로 하루에 300개 정도의 물체가 눈에 들어올 때까지 산책을 이어갔다.

'그 300개에 대해 실제로 떠오른 내용을 전부 구체적으로 적어낼 수는 없었지만, 내가 살아왔던 모든 시기의 일들이 떠올랐던 것만은 확실하다.'고 골턴은 논문에 적었다.

걸으면서 눈에 들어오는 사물에 마음이 자유롭게 반응하도록 하는 것만으로 인생의 모든 것을 떠올릴 수 있다는 것이다. 나는 이 자료를 읽고 감격했으며 또한 '역시 그렇구나!' 하고 생각했다.

기억은 '그때 있었던 일을 떠올려보자'며 강제로 상기시키는 것이 아니고 또한 아무런 자극도 없는 암흑 속에서 혼자 멍하니 있을 때 저절로 떠오르는 것도 아닐 것이다. 하지만 골턴처럼 밖으로 나가 산책하면서 자연스럽게 보게 되는 풍경들로 깊숙한 곳에 있던 기억들이 튀어나올 수 있다. 상점의 모습, 가로수들, 날아가는 새와 곤충, 티타임을 즐기는 사람들, 아이와 함께 있는 젊은 부부……. 바깥은 예전에 자신이 한 번은 경험했을 모습들로 가득하다. 그것이 적당한 자극이 되어 '그런 일이 있었구나.' 하고, 생각지도 못했던 기억이 저절로 떠오르는 건 충분히 있을 법했다.

골턴은 자신이 설마 기억하고 있으리라고는 생각하지도 못했던 일이나 지금까지 한 번도 떠오르지 않았던 일이 산책을 통해 수없이 떠올랐고, 자신도 '이렇게 많은 걸 기억하고 있다니.' 하고 놀랄 정도였다고 한다.

하지만 골턴은 이 실험을 여러 차례 반복하는 동안, 다른 흥미로운 사실도 깨닫게 된다. 반복해서 걷다 보니 몇 차례인가 같은 일이 떠올랐다. 걸을 때마다 새로운 기억이 떠오르는 것이 아니었다.

우리가 살면서 경험한 것은 거의 무한대에 가깝다. 그래서 골턴은 끊임없이 새로운 기억이 떠오르리라 생각했지만, 안타깝게도 그렇지 않았다.

'자신이 생각했던 것보다 많은 것들을 기억하는 건 사실이었지만, 예상한 만큼 많지 않았던 것도 사실이다.'

적어도 골턴의 연구에 의하면 우리의 기억은 일단 유한한 듯하다.

우리가 세상을 통해 받는 감각정보는 거의 무한대다. 매초

눈과 귀와 코와 피부와 내장기관을 통해 우리의 뇌는 막대한 정보를 받아들인다. 모든 정보를 뇌라고 하는, 겨우 1리터의 체적을 가진 물질에 담으려는 것은 무리일 것이다. 그래서 더욱 우리는 감각을 체험으로 바꿔서 보존한다. 현실 그 자체를 기억하지 않고 자극을 통해 '의미'를 추출해서 기억한다.

그것이 기억이 유한한 이유 중 하나일 것이다.

또한 그 과정은 타인과 자신이 구별되는 이유도 된다. 똑같은 일을 경험해도 타인과는 다른 각도에서 바라보고 다른 '의미'를 추출하기 때문이다.

그리고 기억이 '의미'인 이상, 이후의 경험을 통해 변형될 수밖에 없다. 다양한 경험을 통해 기억들이 연결되고 의미가 깊어진다.

그뿐 아니라 그 기억을 '떠올리는 것' 자체로도 의미는 변해간다. 해마와 대뇌피질의 구조를 다시 한 번 생각해보자(2장 「해마와 기억」 43쪽 참조). 어떤 일을 경험했을 때 해마는 뇌에 저장할 수 있는 형태로 바꿔 대뇌피질에 저장한다. 저장된 기억을 해마가 다시 불러온다. '떠올린다'는 것은 그 기억이 현재의 것으로 되살아난다는 뜻이다. 기억은 떠올릴 때마다 현재의 기억을 저장하는 것과 같은 과정을 거쳐 다시 저장된다. 해마를 통해 새롭게 인코딩되고 수정된다. 이 과정에서 해마는 떠올리고 있는 현재 상황(처음에 기억했던 때와는 다른 상황)을 끼워 넣기 때문에 그 기억은 과거와 현재가 뒤섞인 형태로 재정착된다. '그때는 그랬지만, 이번에는 이랬다. 그렇다면 이 일은 이런 의미가 있는 걸까?' 하는 식으로 의미가 수정된다. 이렇게 해서 기억은 점점 형태를 바꿔 나간다.

영국의 신경생리학자 조나단 콜Jonathan Cole의 『얼굴의 과학 *About Face*』이라는 책을 보면, 어떤 질환을 앓아 후천적으로 실명하게 된 사람의 얼굴 기억에 관한 이야기가 나온다. 눈이 안 보이게 된 그 사람은 아내와 아이의 얼굴을 더는 볼 수 없게 되었다. 사랑하는 사람의 얼굴을 보려면 이제 기억에 의지할 수밖에 없다. 그런데 시력을 잃은 후에는 거의 만나지 않은 사람들의 얼굴까지 기억하면서도 함께 사는 소중한 가족의 얼굴이 떠오르지 않는다는 이야기다. 그 이유는 현재에도 아내와 아이들과는 목소리 등 시각과는 다른 형태로 매일 접촉하다 보니 '그 사람'의 기억이 얼굴에서 목소리로 변환됐기 때문이다. 새로운 체험에 의해 기억은 이토록 극적으로 형태를 바꾼다.

정상적인 시력을 갖고 있어도 마찬가지다. 잊을 수 없는 중요한 기억은 누구에게나 있을 것이다. 절대 잊지 않을 자신이 있는, 언제까지고 선명하게 떠올릴 수 있는 기억조차도 사실은 새로운 경험과 함께 그 기억을 떠올릴 때마다 변화한다고 한다.

예컨대 동일본대지진처럼 큰 충격을 받은 사건에 대해서 우리는 그때 자신이 어디에 있었고 누구와 있었는지 등을 마치 사진을 찍은 것처럼 언제든지 선명하게 기억한다.

하지만 그렇게 충격적인 일도 '자신은 누구와 어디에 있었고 어떤 일이 있었다'고 그 사건 직후에 이야기한 내용과 일 년 후에 이야기한 내용이 크게 달라지는 경우가 있다. 흥미로운 것은, 직후의 기억이든 일 년 후의 기억이든 그 기억에 대한 자신감이나 선명함은 변하지 않는다는 점이다. 내용은 확연하게 달라졌는데도 '이것만은 확실하게 기억한다'고 느끼며, 사실이 아닌 상황을 생생하게 기억해낼 수 있는 것이다.

왜 이러한 일이 일어날까? 기억은 많을수록, 정확할수록 좋다고 생각할지 모른다. 하지만 뇌의 크기가 한정적이기 때문에 막대한 양의 정보 속에서 조금이라도 유용한 것을 추출하기 위해 뇌는 기억을 계속해서 편집하는 것이다.

기억내용이 변하는 것은, 우리가 원만하게 살 수 있도록 뇌가 노력해준 결과다.

후두정피질의 활동성이 떨어지면 어떤 일이 일어날까

해마 외에 알츠하이머병 초기에 전형적으로 활동저하가 일어나는 곳은 앞에서도 언급했듯이 후두정피질이다.

후두정피질은 크게 내측과 외측으로 나뉜다. 내측은 밖에서 보이지 않는 뇌의 안쪽을 가리키며, 후두정피질 내측 일부에는 설전부가 있다. 설전부는 인접한 후부대상피질 등과 함께 디폴트 모드 네트워크의 일부를 구성한다. 디폴트 모드 네트워크는 앞서 설명했듯이 편안하게 휴식을 취할 때 활발하게 움직여서 기억을 정리정돈하는 뇌 부위다.

알츠하이머병의 경우 후두정피질 외부, 즉 외측부의 활동저하가 자주 일어난다. 이러한 외측부의 활동저하로 발생할 수 있는 문제는 세 가지를 생각해볼 수 있다.

① 감각통합의 문제

시각정보는 후두엽, 청각정보는 측두엽, 체성감각somesthesis(자율신경이 아닌 체성신경계에 의해 전달되는 감각. 피부, 근육, 내부기관 등의 감각을 일컫는다.-옮긴이)은 두정엽, 이런 식으로 우리의 감각은 대뇌피질의 각기 다른 부위에서 처리된다. 그 후에 서서히 한 장소로 모여서 각 감각이 통합된다. 그 장소를 두정-측두-후두 연합영역이라고 부른다(그림5). 이곳은 감각을 통합해 현실에서의 의미를 도출하는 활동을 한다.

예를 들어 '복슬복슬한 강아지를 쓰다듬었더니 짖었다'는 일이 있었다고 하자. 위의 연합영역이 손상되면 복슬복슬하다는 시각과 촉각이 매섭게 짖는 소리와 제대로 연결되지 않아서 '쓰다듬었더니 짖었다'는 원인과 결과의 관계를 이해하지 못한다. 그래서 '이렇게 쓰다듬으면 개는 싫어할 수도 있다'는 의미를 추출하지 못하게 된다.

후두정피질의 활동저하로 두정-측두-후두 연합영역의 활동이 약해지면 감각통합이 이루어지지 않아서 현재 일어난 상황을 제대로 이해하지 못하며, 그로 인해 사건 자체를 기억하지 못하거나 상황에 알맞은 행동을 취하지 못하게 된다.

엄마도 오랫동안 들어서 익숙할 소리인데도 전기밥솥의 취사 완료 알람소리가 들리면 '뭐지?' 하고 원인을 추정하지 못해 긴장한다. 엄마도 감각정보의 결합과 원인 추정이 힘들어진 상태다.

그림5 **두정-측두-후두 연합영역의 활동**

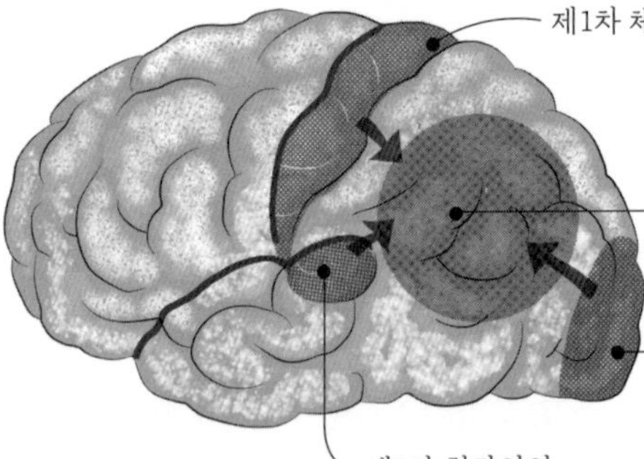

시각정보는 후두엽, 청각정보는 측두엽, 체성감각은 두정엽, 이런 식으로 감각정보는 대뇌피질의 서로 다른 부위에서 각각 처리된 후 서서히 통합된다. 통합은 두정-측두-후두 연합영역에서 이루어진다. 즉, 두정-측두-후두 연합영역은 감각을 통합해서 현실세계에서의 의미를 도출하는 활동을 한다.

② 공간인지의 문제

해마는 후두정피질 내측(즉 디폴트 모드 네트워크)뿐만 아니라 후두정피질 외측과도 밀접하게 연결된다. 외측과의 연결을 통해 공간정보를 처리한다.

뇌는 시시각각 자신이 있는 공간이 어떤 장소이며 자신이 그 공간의 어떤 특정 위치에 있는지를 산출해낸다. 그 계산에서 빠져서는 안 되는 것이 해마에 있는 '장소세포'다.

장소세포는 우리가 '어떤 공간의 특정 장소에 있을 때만 반응'하는 특징이 있는 세포다. 예를 들어 어떤 방 안으로 들어가서 A의 위치에 있을 때와 B의 위치에 있을 때, 해마 내의 각기 다른 '장소세포'가 반응한다. 해마에는 그런 신기한 세포군이 있다.

결국, 해마는 '기억의 중추' 역할을 하면서 현재 자신이 어디에 있는지 위치를 파악하는 기능도 하고 있다.

후두정피질의 한편에서는 물체와 물체 사이의 거리를 추정하고 전후좌우를 가늠하는 판단을 한다. 후두정피질은 바로 앞서 「감각통합의 문제」에서 얘기한 것처럼 사건의 인과 관계와 사건과 사건 사이의 관계성을 도출하는 부위이기 때문에 공간 속 물체들 사이의 관계성 판단에도 중요한 역할을 한다. 해마와 후두정피질이 함께 활동함으로써 '지금 자신은 어디에 있는지' '이제부터 어느 쪽으로 얼마만큼 가야 하는지' 등 공간의 내비게이션 역할을 수행한다.

알츠하이머병은 해마와 후두정피질 양쪽 기능에 영향이 나타나는 탓에 공간인식, 소재식所在識('자신이 지금 어디에 있는지'에 대한 인식)에 문제가 생겨서 길을 잃기 쉬워진다.

③ 주의력의 문제

후두정피질 외측부는 행동계획의 사령탑인 전전두엽과도 밀접하게 연결되어 있다. 후두정피질이 공간 내의 정보를 해석해서 '지금은 이 공간에 있는 이 물체에 주의를 기울여야 한다'는 신호를 전전두엽에 보낸다.

앞서 얘기한 편측공간실인이라는 증상도 후두정피질 외측 손상으로 나타난다. 편측공간실인만큼 극적인 현상은 아니지만, 알츠하이머병처럼 후두정피질의 활동이 저하되면 공간 내의 물체에 제대로 주의를 기울이지 못할 가능성이 있다.

이 세 가지 문제는 서로 관련되어 있으며, 간단하게 정리하면 후두정피질의 활동저하로 감각통합이 불가능해지거나 사물과 사물의 관계성을 이해하지 못하거나 주의를 기울일 수 없게 되면서 자신이 있는 위치나 세계의 의미를 파악하지 못하게 된다.

내가 엄마에게 "냉장고에서 미소를 꺼내서 육수에 풀어줘." 하고 말하면, 엄마는 냉장고를 열고서도 늘 같은 자리인 바로 눈앞에 있는데도 "미소가 어디에 있더라?" 하며 찾지 못할 때가 있다. 냉장고라는 공간에는 다양한 물건들이 있어서 그중 어떤 것에 주의를 기울여야 할지 모르게 되는 것이다.

미소가 있는 위치는 오랫동안 바뀌지 않았으니 엄마의 몸이 기억(절차기억)해야 한다. 절차기억은 정상일 텐데 왜 찾지 못하는지 처음에는 나도 이해가 되지 않았다. 하지만 찾지 못하는 이유는 위치를 잊었다기보다 주의를 기울이지 못하기 때문이었다.

"전기밥솥은 거기에 있어." "뜨거운 물은 이쪽이고 찬물은 이쪽이야." "미소는 여기 있어." 하고 손가락으로 가리키며 엄마의 주의를 환기시키면 "아, 그래, 그래." 하면서 엄마는 납득하고 작업을 계속한다.

1장에서 치매의 징후로 엄마가 뒷머리를 긁적이는 모습을 보였다고 했었다. 하지만 이는 후두엽이니 후두정피질이니 그런 뇌 부위의 문제와는 전혀 관계가 없다는 점을 덧붙여두고자 한다.

뭔가 곤란한 일이 있을 때 뒷머리를 긁적이는 모습은 『도라에몽*Doraemon*』의 노비타도 그랬을 정도로, 일본인에게는 무척이나 낯익은 행동이다. 하지만 일본과는 다른 문화의 사람들은 다른 곳을 긁적이는 듯하다. 결국 왜 뒷머리인가 하는 점에 인류 보편적인 근거는 없다.

하지만 엄마는 정말로 자주 뒷머리를 만졌다.

"그곳이 불편하셔서 그런 건 아닐까? 그러면 그곳을 문질러주거나 주물러주면 좋지 않을까?"

다른 사람이 그렇게 얘기하는 걸 듣고 퍼뜩 생각이 났다. 뒷머리를 만지는 이유는 모른다. 하지만 자주 만진다는 것은 확실히 불편함이 있다는 의미일 것이다. 그래서 불편함이 없어지도록 문질러준다. 새로운 발견을 한 기분이었다. 예전에 배가 아플 때 엄마가 배를 쓰다듬어주면 안심이 되곤 했다. 정말로 통증이 사라지는 기분이었다.

도저히 알 수 없을 때는 외면하는 것이 아니라 당연한 일을 하면 된다.

그 이후 나는 가끔 엄마의 뒷머리부터 어깨까지 5분 정도 마시지해 드리고 있다. "네 손은 따뜻해." "기분 좋아." 하고 말씀해주시는 걸 보면, 불편함이 해소된 지는 알 수 없지만 기분은 좋아지시는 듯하다.

"다음에는 내가 너 해줄까?"

"넌 안 피곤해?"

엄마는 내게 몸을 맡긴 채 그런 말씀을 하신다. 온전히 '엄마'로 돌아온 것이다.

4

'그 사람답다'라는 것은 무엇인가

-자기와 타자를 구분하는 것

엄마가 생활하면서 보인 구체적인 증상을 조금 더 이야기한다.

엄마는 구분해야 할 것을 구분하지 못하게 되었다.

예컨대 냉장실과 냉동실을 구분하지 못한다. 냉동식품을 냉장실에 넣는 일이 늘어났고 나는 매주 특정 요일이면 냉장고를 열어보고 깜짝 놀란다. 냉동식품으로 냉장실이 꽉 차 있는 탓이다.

세상이 편리해져서 집에 정기적으로 생협의 마크시트가 배부되고 필요한 목록을 체크하면 물품이 배달된다. 다리가 불편해서 마트에 가지 못하는 어르신에게는 편리하고 필요한 시스템이라고 생각하지만 엄마에게는 유용하지 않다.

크로켓, 볶음밥, 만두, 주먹밥 등의 냉동식품. 엄마는 매주 "이거 맛있지?" 하며 주문하지만, 냉동실에는 똑같은 제품이 잔뜩 남아 있다. 물건이 남아 있는 상태에서 새로운 물건이 도착하다 보니 냉동실에 들어갈 공간이 없고, 결국 냉장실에 넣어 방치하는 것이다. 매주 몇 개씩이나 못 먹고 버리게 된다.

냉동식품이 녹으면 어떻게 되는지, 지금 무엇이 얼마만큼 남았고 무엇을 주문해야 하는지 같은 판단에는 기억력과 상황 인식력을 바탕으로 한 분석력이 필요해서 엄마에게는 힘든 일일 듯하다.

엄마가 매주 즐거운 듯 목록에 체크하고 있어서 그 즐거움을 빼앗기는 싫었지만, 음식을 잔뜩 버려야 하는 상황을 도저히 참을 수 없어서 마크시트 사용을 중지하기로 했다. 그렇게 해서 일단 음식 문제는 해결했지만, '구분하지 못해서' 생긴 다른 일도 있었다.

어느 날 귀가했더니 엄마가 현관에서 "어서 와." 하며 웃는 얼굴로 맞아주셨다. 엄마의 밝은 모습에 기뻐야 하는데 뭔가 위화감이 느껴졌다. 그날 엄마가 입은 옷은 너무 얇고 젊었다. 자세히 보니 내 방에 걸려 있던 내 옷이었다.

서로 옷을 빌려 입은 적이 없지는 않았다. 오히려 자주 해왔던 일이다. 지금도 엄마는 친구들과 외출했다가 새 옷을 사온 날이면 꼭 "너한테도 빌려줄게." 하고 말씀하신다. 그래서 내 옷을 입은 것 자체는 별일 아니었지만, 내 옷을 자신의 옷처럼 무단으로 입은 일, 내 옷장과 엄마 옷장, 내 옷과 엄마 옷이 혼동되는 상황은 내게 불쾌한 일이었다.

안 그래도 내가 엄마의 의사결정을 담당하고 엄마가 지금까지 해왔던 일을 대신하는 상황이 늘어나면서 힘겨워했던 때라 감정은 더 격화됐다.

"왜 내 옷을 입은 거야?"

"이게 네 거였니?"

"그렇다니까. 이건 엄마 방이 아니라 내 방에 걸려 있었지?"

"그랬었나? 그래 네 방이었던 것도 같네……. 너도 내 코트 입은 적 있잖아?"

"있어. 하지만 그때는 분명히 빌린다고 양해를 구한 후였어."

이런 사소한 실수로 추궁을 당해 자존심이 상하셨는지, 얘기 도중 엄마의 작은 얼굴이 새빨갛게 달아올랐다. 엄마는 "그래, 알았어." 하며 그 치마를 벗어 내게 건네주고는 맨다리로 서서 옆에 있던 빨래더미 속을 뒤적거리며 찾기 시작했다. 속옷과 수건이 있을 뿐 엄마의 치마는 그런 곳에 넣어놓지 않는다.

"감기 들어."

"괜찮아, 금방 욕조에 들어갈 거야."

엄마는 말은 그렇게 했지만, 완전히 혼란스러운 표정으로 세탁물을 둘둘 말았다 펼치기를 반복하면서 그 자리에 계속 서 있었다.

"이제 됐으니까 빨리 욕조에 들어가."

나는 내 치마를 손에 든 채 엄마를 욕실로 데려갔다. 왠지 내가 마귀할멈이 되어버린 기분이었다.

엄마가 욕실에 들어가 있는 동안, 옆에서 전부 지켜본 아버지에게 "지금 상황, 어떻게 생각해?" 하고 물었다.

아버지는 이렇게 말씀하셨다.

"어쩔 수 없지. 몰라서 그런 거니까. 원래는 남의 물건을 멋대로 만지는 사람이 아니잖니. 그냥 몰라서 그런 것뿐이다. 알았다면 그런 행동은 안 해. 구분했으면 좋겠다고 해봐야 못하는 건 어쩔 수 없어. 네가 집에 오기 전에 덧창문을 닫아주려고 네 방에 들어갔다가 걸려 있는 옷이 눈에 들어왔고 입고 싶다는 생각에 꺼냈을 거다."

나는 아버지 말씀에서 두 가지를 깨달았다.

하나는, 그러고 보니 엄마는 지금도 내 방의 덧창문을 가끔 관리해준다. "밤에 이상한 사람이 네 방에 침입하는 거 엄마는 싫어. 밤에는 꼭 덧창문을 잠가야 해." 하고 종종 말씀하셨다. 옷을 빼앗겨서 내 영역이 침해당한 느낌이 들었지만, 원래가 내 영역은 나 혼자만으로 유지되는 게 아니었다.

그리고 또 한 가지. 아버지는 엄마가 자신의 옷과 내 옷을 구분하지 못했다고 하면서도 엄마가 '변했다'는 표현은 하지 않았다. '원래 그런 사람이 아니니까 몰라서 그런 것뿐'이라고 했다. 모른다고 해서 이전과는 다른 한심한 사람이 된 것이 아니라, '무언가를 모르게 되고 못하게 돼도 엄마는 엄마'라는 점을 아버지는 가르쳐주셨다.

이전과는 달리 냉장실과 냉동실의 구분이나 내 옷과 자신의 옷을 구분하지 못하더라도 엄마는 엄마. 무언가를 못하게 됐어도 엄마는 엄마. '그 사람다움'은 '무언가를 할 수 있고 없고'와는 다른 문제일 가능성이 있었다.

의존 관계의 고충

알츠하이머성 치매에서 크게 문제가 되는 것은 환자의 역할을 가족이 대신하게 되면서 어쩔 수 없이 독립적인 관계가 아닌 의존 관계가 된다는 점이다. 결국 알츠하이머병을 앓는 본인(자기)과 가족(타자)의 구별이 애매해진다.

예컨대 전화를 바꿔주거나 물건값을 치르거나 그날 하루의 일정을 정하는 등 본인이 해왔던 일들을 하지 못하게 되면서 가족이 대신하게 된다. 또한 본인이 친구와 한 약속도 가족이 대신 기억해두었다가 약속 장소로 데려다줘야 한다.

요리할 때와 마찬가지로 다른 일상에서도 나와 아버지가 엄마의 판단을 대신한다.

본인의 일을 가족이 끊임없이 대신해주다 보면 서로의 구분이 없어지는데, 이는 서로에게 정신적으로도 체력적으로도 괴로운 일임이 분명하다.

자신의 생활을 스스로 꾸려가지 못하면 본인은 자존심에 상당한 상처를 입게 된다. 가족 또한 자신의 시간을 갖지 못하고 상대에게 맞춰줘야 하는 생활을 계속하다 보면 환자 본인과 마찬가지로 '스스로 자신의 인생을 이끌어간다'는 느낌이 점점 들기 어렵게 된다.

나도 무언가를 하던 중에 엄마를 대신해줘야 하는 상황이 생겨서 그쪽에 주의를 기울이다가, 정작 내가 하던 일을 방치하고 그대로 잊어버리는 일이 늘어났다. 엄마가 찾는 물건을 같이 찾아주는 동안 미소시루가 끓어 넘쳤던 일 그리고 엄마 일로 허둥대다가 과감하게 옷 단추를 안 잠그고 외출했던 적도 있다. 단지 대신할 일이 많아진 것뿐인데도 하나하나에 주의를 기울이지 못하게 되었고, 가끔은 나 자신이 치매에 걸린 기분이 들었다. 엄마에게 끌려다니다 보니 나 자신이 없어지는 듯한, 엄마와 나의 구별이 없어지는 듯한 기분이 드는 것이다. 하지만 반대로 생각하면, 치매 환자를 대신해서 많은 일들을 해내다가 허둥댈 때의 느낌을 치매 환자는 매순간 느끼는 것이다.

그래서 알츠하이머병에 걸렸을 때는 가족 이외에 다른 많은 사람과도 교류하여 본인을 포함한 가족 한 사람 한 사람이 각자의 시간을 갖는 것이 무척 중요하다. 가족으로만 둘러싸인 밀폐 공간에서 서로 깊게 의존하는 관계가 아닌, 외부 사람들과의 관계를 유지해야 한다. 알츠하이머병 환자 본인도 밖으로 나가 몇 시간이라도 다른 사람들을 만나고 나면 '가족이 자신을 관리한다'는 느낌에서 해방될 것이며, 가족도 자신의 인생을 살아가는 기분을 느낄 수 있다. 나는 엄마의 친구분들과 주변 사람들에게 차츰차츰 엄마의 병을 알렸고, 지금은 수많은 도움을 받고 있다. 그리고 엄마의 병을 내 친구들에게도 알리고 나니 친구들은 내가 기분 전환할 수 있도록 함께 시간을 보내준다. 정말로 주변 사람들에게는 고마운 마음이 가득하다.

그리고 '자기'와 '타자'라는 인식이 뇌 속에서 어떻게 만들어지는지에 대한 지식을 갖고 있는 것도 도움이 된다. 나 역시 그 지식 덕분에 '그렇군, 그렇다면 이런 일이 일어나도 어쩔 수 없네.' 하고 이해하게 된 부분들이 있었다.

뇌는 자기와 타자를 어떻게 구분할까

자신과 타인의 구별이 없어지는 방식이나 정도는 관계성에 따라 달라진다.

예컨대 모녀간이라면 동성인데다가 원래가 친근한 부분이 있어서 아버지와 엄마, 즉 부부 사이에서는 안 일어날 일이 일어난다. 예컨대 옷을 혼동하는 일 등이다(남자 것과 여자 것은 크기도 달라서 혼동하는 일이 별로 없지만 여성들 사이에서는 혼동하기 쉽다).

아침에 가족 모두의 빨랫감을 같은 세탁기에 넣고 돌리면 내가 귀가하기 전 엄마가 정리해두는 경우가 있는데(현재 엄마의 능력으로 보면 대단한 일이고, 고마운 일이지만!), 내 속옷과 엄마의 속옷을 한데 섞어서 어딘지 알 수 없는 곳에 넣어버린다. 물어봐도 어디에 뒀는지 기억해내지 못하고 어느새 엄마 것이 돼버리거나 행방불명이 된다. 엄마의 습관을 관찰하면 대체로 어디에 넣는지 알 수는 있지만, 그럼에도 끝내 못 찾고 잃어버린 경우도 있다.

뇌 속에는 '이것은 내 소유물이다' '이것은 타인의 소유물이다' '이것은 내가 한 행위다' '이것은 타인이 한 행위다' '이것은 내 생각이다' '이것은 타인의 생각이다' 하며 자신과 타인을 구별해내는 부위가 있다.

물건이든 행위든 생각이든 그것이 자신의 것인지 타인의 것인지를 판단하는 뇌 부위가 몇 곳 있으며, 이들 부위가 손상되거나 이상이 생기면 자신과 타인을 제대로 구별할 수 없게 된다.

전형적으로 이러한 증상이 나타나는 질환이 조현병調絃病, Schizophrenia이다. 조현병은 '저 사람이 나를 죽이려고 한다'처럼 사실은 자신이 죽고 싶다고 생각하면서도 자기 의사를 타인의 계략으로 착각한다. 또한 자신이 어떤 사람과 사귀고 싶다고 소망할 뿐이면서 '저 사람과 나는 교제 중'이라고 사실로 믿어버리는 경우도 있다. 이처럼 조현병은 자신과 타인, 자기 세계와 외부 세계를 구분하지 못하는 경향이 있으며, 이는 자신과 타인을 구별하는 뇌 부위의 기능에 이상이 생긴 탓이다(사실은 알츠하이머병에서 문제가 나타나는 후두정피질 외측이 바로 이 구별 기능에 커다란 역할을 한다).

여기서 주목해야 할 부분은 어떤 생각이나 행위가 자신의 것인지 타인의 것인지는 뇌가 그 생각과 행위를 일으킨 '후'에 결정한다는 점이다. 자신의 것인지 타인의 것인지는 나중에 판단되는 것이어서 사실 조현병뿐만 아니라 누구라도 착각하는 경우가 흔히 있다. 다음의 예를 보자.

'콧쿠리상'이라는 점성술이 있다. 콧쿠리상은 문자판 위에 돌이나 동전 등을 올리고 여러 사람이 그 위에 손가락을 올린 후 '귀신'에게 질문하면, 돌이 움직이면서 한 문자씩 표시해 그에 대한 대답을 주는 귀신의 계시를 받는 행위이다.

물리학자 마이클 패러데이Michael Faraday는 이 돌이 '귀신'에 의해 움직이는 것이 아니라, 돌 위에 손가락을 얹은 사람들 가운데 '누군가'에 의해 움직인다는 사실을 증명했다. 문자판이 놓인 책상 위에 가해진 압력을 측정하는 등의 방법으로 처음 움직이기 시작한 사람이 누구인지를 밝혀내서 사람의 행위였다고 증명한 것이다.

하지만 재미있는 사실은 그 운동을 시작한 본인은 '자신이 했다'는 자각이 없다는 점이다. '나는 움직이지 않는다'고 굳게

믿고 있었고, 다른 사람들과 마찬가지로 '돌이 멋대로 움직였다!' '귀신이 움직였다!' 하고 놀라는 것이다.

이러한 예를 통해서 알 수 있듯이 어떤 행위에서 원인이 될 사람이 여러 명 있으면 사람들은 쉽게 '자신이 이 행위의 주체'라는 '느낌'을 잃게 된다. 콧쿠리상은 돌 위에 여러 사람이 손가락을 올리기 때문에 움직일 가능성이 있는 사람이 자신 외에도 여러 명이 있다. 그것만으로도 '자신이 했다'는 느낌이 쉽게 누락된다.

반대로 자신은 실제로 안 했는데도 자신이 했다고 느끼는 경우도 있다. 어떤 행위가 일어났을 때 그 직전에 우연히 그렇게 하려고 했던 생각이 자신에게 있었으면, 사실은 자신이 일으킨 행위가 아닌데도 자신이 했다고 착각한다.

예컨대 누군가를 미워해서 '확 나쁜 일이나 생겨라!' 하고 생각한 직후에 그 사람이 넘어져서 다쳤다면 '자신의 탓'으로 그 사람이 다쳤다고 생각하지 않을까.

어떤 상황이 발생했을 때 우연히 자신이 생각한 것과 일치하면 그것은 자신이 한 행위라고 '느끼고' 또한 어떤 결과가 나왔을 때 나 말고도 똑같은 생각을 하는 사람이 옆에 있으면 그것은 자신이 한 행위로는 '느끼지 않게' 된다.

어느 쪽이든 행위가 일어난 '이후'에 '누가 했다'는 것이 판단된다. 즉, '자신이 했다' '타인이 했다'는 느낌은 행위 이후에 발생하며, 쉽게 누락되거나 착각하는 일종의 '감각'에 지나지 않는다.

이 이야기를 하는 이유는 우리가 일반적으로 생각하는 것보다 자기와 타자의 경계가 모호하다는 점을 말하고 싶어서다.

우리는 타인이 한 행위를 자신이 했다고 생각하기도 하고, 자신이 한 행위를 타인이 그랬다고 생각하기도 한다. 결국 누구나 매일 조금씩 타인이 되면서 또한 타인의 침투를 받으면서 살아간다. 타인과 자신 사이에는 언제나 그레이존이 있다.

엄마는 내 옷 중에서도 새 그림이 있는 조금 유아스러운 셔츠나 화려한 분홍색 원피스 등에는 손을 대지 않는다. 엄마가 입어도 이상하지 않기 때문에 혼동하는 것이다. 혼동은 두 사람에게 겹치는 부분이 있기 때문이며, 결국 어느 쪽이든 상관없는 영역에서 일어난다.

그리고 이런 경우도 있다. 엄마가 집에 있고 옷이나 무언가가 없어졌을 때, 사실은 내가 잃어버린 것도 엄마 탓을 하기 쉽다. 물건을 잃어버릴 가능성이 있는 사람, 더구나 '높은' 가능성이 있는 사람이 내 옆에 존재하기 때문이다. 결국 부당하게 엄마를 범인으로 모는 경우도 생길 수 있다.

지갑을 도둑맞았다는 망상은 왜 생길까

건강한 사람들도 이처럼 자신과 타인의 구별이 모호할 때가 있다. 그렇다면 뇌, 그것도 자기와 타자의 구별에 중요한 역할을 하는 부위에 문제가 있다면 자신과 타인의 구별이 어려워지는 것은 당연하다. 알츠하이머성 치매는 증상이 진행되면 '지갑을 도둑맞았다'는 망상을 갖는 경우가 많다고 한다. 이것도 사실은 자신의 의도와 타인의 의도를 오인한 것 중 하나다.

지갑은 무척 소중한 물건이어서 존재에 대한 기억이 강렬하다. '지갑이 어디 있더라?' 하고 확인하려는데, 요전에 외출했을 때 평상시와는 다른 가방을 들고 외출했고 지갑을 그 가방으로 옮겼다는 사실을 잊었다면 항상 있던 가방에 '지금 없다'는 상황이 발생한다.

알츠하이머병 환자는 최근의 기억이 희미해서 '지금 없다'는 사실밖에 남지 않는다. '없다'는 것은 이상하다, 난 아무것도 안 했다(일반적으로 누구라도 자신이 자신의 지갑을 감춘다는 생각은 하기 힘들다), 그렇기 때문에 자기 이외의 '누군가'가 어떻게 했을 것이라는 추측을 하게 된다. 자기 외에는 타인밖에 없기 때문이다.

무언가가 이상하게 여겨질 때 뇌는 어떻게든 이유를 붙여서 이해하려고 한다. 그래서 치매 환자가 아니더라도 소중한 물건을 잃어버렸는데 적당한 이유가 떠오르지 않으면 '저자가 나쁜 짓을 하지 않았을까?' 하고 타인을 의심한다. '소중한 물건이 없다'는 현재 상황과 '스스로 자신의 물건을 숨기지는 않는다'는 상식에서, 평소에 가장 그런 행동을 할 것 같은 사람에게 누명을 씌워버린다.

기억에 문제가 있는 알츠하이머병 환자는 사실을 차근차근 되짚어 보면서 지금 상황이 일어난 이유를 찾아내기가 일반인보다 훨씬 어렵기 때문에 어쩔 수 없이 오인하는 일이 많아진다.

타인의 감정을 추론하는 구조 - 거울신경세포

본디 모든 사람의 뇌에는 자신과 타인을 구별하지 않고 반응하는 시스템이 있다. 가장 뚜렷한 반응을 보이는 것이 '거울신경세포mirror neuron'다.

뇌 속에는 자신이 특정 동작을 할 때(예컨대 손으로 음식을 입에 가져갈 때) 활동하는 신경세포군이 있다. 이 세포군의 일부는 신기하게도 자신은 아무것도 안 하고 단지 다른 사람의 동작(손으로 음식을 입에 가져간다)을 보고만 있을 때도 자신이 할 때와 똑같이 반응한다. 그것이 거울신경세포다.

거울신경세포는 타인이 어떤 행동을 하는 것을 보면 자신이 마치 그 행동을 하는 것처럼 반응한다. 자신과 타인을 거울에 비친 것처럼 반응하는 것이다.

이러한 신경세포가 존재하는 이유는 무엇일까? 거울신경세포가 있어서 우리는 '이런 상황에서 이렇게 행동하면 어떤 일이 일어나는지'와 같은 타인의 체험을 머릿속에서 유사 체험할 수 있다. 이 유사 체험을 통해 우리는 '이럴 때는 이렇게 행동하는 게 좋다'는 식으로 자신의 행동 가능성을 넓힐 수 있다.

나아가서는 '이런 행동을 할 때는 어떤 기분이 들까?' '그 행동은 어떤 의도로 하는 걸까?'처럼 타인의 행동을 자신의 머릿속에서 경험해봄으로써 타인의 감정과 의도를 추론할 수 있다.

타인과 자신을 동일하게 간주함으로써 타인의 감정과 의도를 추론할 수 있으며 자신의 경험을 넓힐 수 있다. 인간의 발달 단계에는 먼저 타인과 자신의 동일시가 필요한 것이다.

초밥집에서 오이김초밥만 먹는 엄마

타인의 의도를 알려면 타인과 자신의 동일시가 필요하다. 하지만 타인의 의도를 '바르게' 파악하는 일은 상당히 어렵다.

가끔은 엄마가 아닌 아버지를 위로하는 날이 필요하겠다는 생각이 문득 들었다. 그래서 생선을 좋아하는 아버지를 위해 함께 초밥집에 가야겠다고 생각했다. 평소에는 엄마의 취향을 우선시해서 아버지의 취향은 잊고 지냈다.

엄마가 날것이라고 거부할 우려가 있었지만, "가끔은 아버지가 좋아하는 것을 드시게 했으면 좋겠어. 초밥집은 어떨까? 고급 초밥집이라서 비린내가 나거나 상태가 안 좋은 음식은 절대 안 나와. 그러면 엄마도 먹을 수 있겠어?" 하고 물어보자 엄마는 "괜찮아." 하고 대답했다.

그래서 내게는 조금 부담스러운 고급 초밥집에 갔다. 엄마가 안 먹을 수도 있어서 일단 주방장 추천 코스가 아닌 평범한 초밥 세트를 주문했다.

하지만 그럼에도 엄마는 오이김초밥밖에 손을 대지 않았다. 어느 정도 예상은 했지만 고급 초밥집까지 왔는데 너무하다는 생각에 어쩔 수 없이 실망했다.

모처럼 딸이 사주는 거니까 또는 고급 초밥집에서 생선에 손을 대지 않는 건 실례니까 등등 타인의 의도를 헤아려서 싫어하는 음식이라도 조금은 먹어주기를 바랐지만, 아무래도 엄마에게는 어려운 모양이다.

하지만 엄마만 내 의도를 헤아리기 어려운 것이 아니다. 엄마가 왜 이런 행동을 하는지, 나도 엄마의 의도를 추측하기 어렵다.

엄마의 그런 행동이 '타인의 마음에 무심'하고 '자신의 취향만 고집하는' 것처럼 보여서 무심코 '엄마는 예전과 달라졌어. 제멋대로야.' 하고 생각하게 된다.

하지만 정말로 엄마가 남이야 어떻든 상관없는 자기중심적인 사람이 됐다기보다는 후두정피질에 문제가 생겨 단순히 받아들일 수 있는 정보가 적어졌고 봐야 할 것에 주의를 기울이지 못하기 때문에 상대방의 기분을 이해하기 어려울 뿐인지도 모른다.

더구나 '처음 가보는 초밥집'이라는 낯선 환경이 주는 불신감과 날것을 소화하지 못하는 신체의 문제도 있을 수 있다. '제멋대로'인 것이 아니라 단지 '정말로 못 먹는' 것인지도 모른다.

이런 상황을 가족이 '이렇게까지 해주는데 몰라준다.'고 생각하기 시작하면 관계가 힘들어진다. '예전이라면 이런 일은 없었어.' '엄마였다면 내 기분을 소중하게 생각해줬을 텐데.' 하며, 부당함을 견디지 못하고 '엄마에게는 뭘 해줘도 헛수고'라고 절망하게 되는 것이다.

샐리와 앤 테스트

타인을 이해할 때는 먼저 자신의 필터를 통하게 된다. 하지만 자기 필터를 통해 본 것만으로 타인을 이해할 수 없으며 지나치게 자신과 타인을 동일시하면 문제가 생길 수밖에 없다.

이 부분에서는 타인과 소통이 어려운 자폐증 어린이에 대한 연구가 시사해주는 바가 있다. 자폐증 어린이가 좀처럼 통과하지 못한다는 '샐리와 앤 테스트Sally-Anne Test'라는 검사가 있다.

샐리와 앤이 같은 방에서 놀고 있다. 방에는 바구니와 종이상자가 있다. 지금 샐리가 바구니 속에 자신의 장난감을 넣어두고 방을 나갔다. 이번에는 앤이 샐리가 없는 틈에 무슨 생각에서인지 그 장난감을 바구니에서 꺼내 종이상자로 옮겼다. 그리고 샐리가 돌아왔다. 그러면 이제 샐리는 그 장난감을 가지고 놀기 위해서 바구니와 종이상자 중 어느 쪽을 찾을까?

이 질문에 대답하는 테스트다.

일반적으로 성장한 성인은 대부분 바구니라고 대답한다. 샐리는 앤이 장난감을 옮긴 사실을 모르므로 장난감이 아직 바구니 속에 있다고 생각하기 때문이다.

하지만 자폐증 어린이는 종이상자라고 대답하는 경우가 많다. 실제로 지금 장난감이 종이상자에 들어 있다는 사실을 자폐증 어린이 자신은 알기 때문에 샐리가 장난감을 가지고 놀고 싶다면 종이상자를 볼 것으로 생각한다. 자폐증 아이는 앤이 장난감을 옮긴 사실을 샐리가 모른다는 점, 자신과 샐리는 알고 있는 내용이 다르다는 점을 이해하기 힘든 것으로 보인다.

결국 타인을 정말로 이해하려면 타인이 자신과 같다고 상상해보면서도 자신과 타인이 완전히 같은 조건에서 살고 있지 않으므로 타인은 자신과 다른 지식을 지니고 다른 상상을 할 가능성이 있다는 점을 이해해야 한다.

일반적으로 성장한 아이는 대체로 네 살 정도면 샐리와 앤 테스트에서 성인과 마찬가지로 '바구니'라고 대답한다. 결국 발달과정의 어느 시점에서 자신과 타인을 분리하는 것이 타인을 깊게 이해하는 데에 필요한 과정이다.

뇌의
공감작용

뇌는 기본적으로 타인과 자신을 동일시하지만, 타인을 제대로 이해하기 위해서 인간은 서서히 타인과 자신을 분리하는 법을 배워야 한다.

하지만 이 분리는 가족 등 친근한 관계일수록 어려운 듯하다.

인간의 뇌에는 다른 사람이 고통받는 것을 보는 것만으로도 자신이 실제로 고통받는 것처럼 반응하는 부위가 있다. 자기 몸이 직접적인 고통을 받지 않아도 다른 사람이 아파하면 정말로 '아파!' 하는 반응이 뇌 속에서 일어난다. 이것이 이른바 뇌의 공감작용이다.

뇌의 공감 정도는 고통받는 사람이 누구인지에 따라 변하는 것으로 보인다. 우리의 뇌는 자신에게 늘 친절했던 사람이 고통받는 것을 보면 자신에게 냉정했던 사람이 고통받는 모습보다 훨씬 강하게 공감해서 아프다고 반응한다.

자신의 반려자나 자녀에게 무슨 일이 일어났을 때 전혀 모르는 사람에 비해 훨씬 강하게 공감한다는 것은 쉽게 상상할 수 있다. 부부나 부모 자식 관계는 뇌 속에서 견고하게 일체화되어 있어서 필요할 때에도 분리가 힘들어지는 것으로 보인다.

알츠하이머병에 걸린 후에는 원래의 관계가 친근하면 친근할수록 그 사람과 자신의 분리가 잘 안 되어 '이 사람은 알 것이다.' '자신이 생각한 대로 받아줄 것이다.'라고 추측한다.

나는 자꾸 엄마가 내 의도와 감정을 이해해주는 것이 당연하다고 생각해버린다. 그렇기 때문에 더욱 내 감정이 전해지지 않았을 때마다 큰 충격을 받는다.

내 생일을 잊어버린 엄마

엄마와 나의 관계가 위태로워지면서 사고방식을 바꿔야겠다고 생각하게 된 결정적인 사건은 내가 태어났을 때의 상황을 엄마가 기억하지 못하게 된 일이었다.

"네가 태어난 날은 무척이나 추운 날이었어. 밤에 병원에 가서 콘크리트처럼 차가운 침대에 눕혀진 채 기다렸지. 아무리 기다려도 네가 나와주질 않았고 의사도 간호사도 결국 포기하고는 '이런저런 상황이 되면 불러주세요.' 하며 나가버렸어. 당시는 분만실에 가족이 함께 들어가거나 하던 때가 아니어서 아빠도 그곳에 없었어. 난 밤새 혼자 덜덜 떨었어. 정말로 추웠거든. 넌 새벽이 돼서야 간신히 나왔어. 정말로 힘들었지."

엄마가 예전부터 여러 번 들려줬던 나의 '세상의 시작'이다.

하지만 2016년에는 예전처럼 엄마가 웃으면서 '생일, 어떻게 해줄까?' 하고 물어봐 주지 않았다. 아버지의 생일도, 오빠의 생일도, 모두 잊었다.

내 생일이 다가올 즈음 "내 생일이 언제지?" 하고 엄마에게 물어도 "언제였더라." 하고 겸연쩍게 웃었다. 그래도 어떻게든 기억해내게 해주려고 "내가 태어날 때 어땠어?" 하고 물어보았다. 추웠던 것을 떠올리면 적어도 '겨울'이라고 추측할 수 있지 않을까 하는 생각이었다.

"음, 어땠더라?" 하며 엄마는 뒷머리를 긁적였다. "추웠다고 하지 않았어?" "글쎄, 기억이 안 나네." 하며 엄마는 무척이나 괴로운 표정을 지었다.

엄마에게 가장 자주 들었던 이야기를 이제 들을 수 없다는 것은 내게 충격이었다.

나는 출산을 경험한 적이 없지만, 그 사람의 인생을 특징짓는 큰 사건 가운데 하나라고 들었다. 강렬한 감정을 느꼈던 사건은 뇌의 감정 중추라고 일컫는 편도체가 해마에게 '이것만은 잊지 마!'하고 강한 신호를 보내서 다른 기억보다 오랫동안 잊히지 않는다. 자신의 아이가 태어났을 때는 그야말로 강렬한 감정이 솟았을 텐데도 그 상황을 떠올리지 못하다니, 이상 사태라고 할까 내게는 나와 엄마의 연대감이 끊어진 듯한 그리고 엄마라는 사람의 기반 자체가 무너진 듯한 느낌이 들었다.

하지만 이 일을 엄마의 시선으로 보면 어떤 느낌일지 생각해보았다.

내게는 '세상의 시작'인 이야기였으니 그 붕괴는 치명적으로 느껴진다. 하지만 엄마에게는 계속 아이와 살아온 긴 인생 가운데 한 점에 불과하며, 소중한 한 점이었다고 해도 그 뒤로도 여러 가지 놀라움과 기쁨과 슬픔이 있었을 것이다. 그리고 아이가 완전히 어른이 돼서 사이 좋게 살고 있는 지금이 있다. 엄마에게 '지금'은 자신이 처음으로 큰 병을 얻었고 인생에서 가장 힘든 시기인지도 모른다.

신에게 생명을 부여받은 것은 인간에게는 일생의 행운이겠지만 신에게는 인간에게 생명을 부여하는 일 따위 늘 있는 사소한 일인 것과 마찬가지로, 내게는 일생에 한 번 있는 일이지만 엄마에게는 적어도 오빠와 나로 두 번은 경험한 일이다. 게다가 그 상황은 내게 수차례 들려줬고 확실하게 전했기 때문에 자신이 병으로 힘든 상황에 놓였을 때까지 기억하고 있을 필요는 없어졌는지도 모른다. 선물은 다른 사람에게 주고 나면 자신의 손에는 남지 않는 법이다.

엄마가 예전과 마찬가지로 나를 위해 움직여주길 바라지 말고, 이번에는 내가 엄마를 위해 무엇을 할 수 있을지 생각해야 할 시기가 왔다고 생각했다.

뇌는 철저하게
효율화를 꾀한다

내가 태어났을 때의 기억은 엄마에게는 더 이상 필요 없는 기억이 되었는지도 모른다. 원래 뇌는 철저하게 효율화를 도모하는 법이다.

그 사실은 다음 실험을 통해 설명할 수 있다.

미술관에 가서 조각상을 보고 돌아온다. 이때 눈으로만 보고 돌아오는 사람과 눈으로 보고 마지막에 사진을 찍은 후 돌아오는 사람 중 어느 쪽이 그 조각상의 세부적인 부분까지 오랫동안 기억할까 하는 것을 조사한 실험이 있다.

결과는 눈으로만 보고 사진을 안 찍은 사람이 조각상을 이후까지 상세하게 기억했다. 사진을 찍으면 사진으로 남기 때문에 굳이 머릿속에 남길 필요가 없다고 판단한 뇌는 기억을 놓아버리는 것이다.

대화를 녹음하거나 메모하는 것도 사진을 찍는 것과 마찬가지여서 녹음기나 수첩처럼 기억의 외부장치로 사용되는 물건이 있으면 뇌는 기억을 놓아버린다.

'이후에 다시 볼 수 없고 들을 수 없다'는 조건이 뇌 자체를 신중하게 만드는 것이다. 사진, 녹음기, 수첩 등 이후 다른 것에 의지해 다시 보고 들을 수 있으면 뇌는 효율화를 도모해 참조할 것만을 기억하게 된다.

사진이나 녹음기, 수첩 등 외부에 기억을 저장해두고 필요할 때 그것을 참조하는 편이, 뇌 입장에서는 재생할 수 없는 다른 중요한 것을 축적할 수 있다.

누군가에게 말한다는 것도 이와 마찬가지다. 엄마는 내가 태어났을 때의 상황을 내게 충분히 말했기 때문에 잊었다. 뇌 입장에서는 누군가가 무언가를 기억해주면 되는 것이다.

엄마가 잊었다고 해서 자식이 소중하지 않게 되었다는 뜻이 아니다.

나에 대한 소중한 기억을 잊었으니까 내가 소중하지 않게 되었다고 단편적으로 생각했지만, 엄마는 단지 기억을 내 뇌를 사용해 외부에 저장했을 뿐이며 내가 소중하지 않게 된 것은 아니다.

엄마는 옷을 혼동했지만 나는 내 생각과 엄마의 생각을 혼동했다.

참고로 말하자면, 내가 집을 떠나 생활한 적이 별로 없기도 해서 엄마와 나는 상당히 친밀한 관계로 지내왔다. 모녀간이라고 해도 일찍 독립해서 서로가 적당한 거리를 유지해온 사람도 있을 것이다. 그런 사람들에게는 나와 같은 문제는 일어나지 않을 수도 있다. 엄마와 내가 다른 사람이라는 사실에 새삼 놀라고 충격을 받을 필요도 없을 것이다.

알츠하이머병의 문제는 환자 본인의 문제뿐만 아니라 가족의 문제 그리고 환자와 가족 간의 문제도 큰 것이다.

엄마라는 역할,
딸이라는 역할

나와 엄마의 관계에 대해서 좀 더 이야기했으면 한다. 엄마와 딸 사이에서는 주방에서 주도권 문제가 종종 불거질 수 있다. 앞서 말했듯이 엄마와 나는 그랬다. 그리고 부부 사이에서는 일어나지 않는 문제가 모녀 사이에서는 일어나기도 하며, 이를테면 옷 문제를 들 수 있는데 같은 여성이라서 구별하기 힘들기 때문에 발생했다. 중복되는 조건이 많기 때문에 더욱 각자의 영역을 확보하기 힘들어진다.

또한 엄마는 딸에게 '지켜주는 엄마'로 있고자 했고 딸도 지켜주는 '엄마'를 원했다. 하지만 현실은 딸이 엄마를 보살펴야 하는 상황이 늘어났다. 자신의 기대와 현실이 정반대되기 때문에 서로가 더욱 마음에 들지 않게 된다.

이전의 '역할'을 똑같이 유지하려는 것이다.

하지만 '밀그램 실험Milgram experiment'(1961년 미국 예일대 심리학과 스탠리 밀그램Stanley Milgram 교수가 '권위적인 불법적 지시'를 대다수가 거부하지 못한다는 사실을 증명하기 위해 시행한 실험을 말한다.-옮긴이)은 역할이 강제되거나 역할에 지나치게 집착하면 심각한 결과를 가져온다는 사실을 보여준다. 현실적인 예로 제2차 세계대전 중 아우슈비츠 강제수용소의 소장으로 근무했던 아돌프 아이히만Adolf Eichmann이라는 사람이 있다. 그는 권력자에게 그 역할을 부여받아 수백만 명의 유대인을 살해했고 또한 착실하게 임무를 완수했다고 자랑스러워했다. 그가 원래 극악한 인물이었던 것은 아니다. 철학자 한나 아렌트Hannah Arendt는 그가 극히 평범한 보통 사람이었다고 분석했다. 평범한 사람도 자신에게 주어진 '역할'에 지나치게 몰두하면 정말로 무도한 상태까지 가게 되는 것이다.

엄마라는 역할, 딸이라는 역할도 지나치게 몰입하지 않는 편이 좋을 수도 있다. 역할에 몰입해서 이상적인 모습만을 좇다가 현실의 자신을 잊게 될 수도 있다.

또한 '할 수 있는 사람'과 '못하는 사람', '돌봐주는 사람'과 '돌봄을 받는 사람'의 의미에서, 보살핌이라는 상황 자체가 권력관계를 만들어낼 가능성이 있다. '간호인'과 '피간호인'이라는 역할을 담당하는 동안 어느새 간호인에게는 '돌봐준다'는 의식이, 피간호인에게는 '돌봄을 받는다'는 의식이 만들어지고, '내가 돌봐주는 것이니 불평하지 마라.' '내가 피해를 주니까 불평하면 안 된다.'고 생각할 수 있다.

이는 환자의 주체성과 자유를 빼앗게 된다. 그리고 간호인의 자유를 빼앗는 일이기도 하다. '왜 내가 해줘야 하지? 내게는 내 생활이 있는데 당신 때문에 빼앗기고 있어.'라는 기분이 들기 때문이다.

그래서 서로를 지키기 위해서는 무엇이든 너무 진지하게 '내가 꼭 해줘야 한다'고 받아들이지 않는 편이 좋다. 서로가 지나치게 노력하다가 생기는 폐해도 있는 것이다. 부담이 안 되는 범위에서 자신이 할 수 있는 일을 하면 된다. 그 부분을 강조해 두고 싶다.

가족을 알아보지 못하고 자신이 누구인지를 모른다는 것

지금까지의 내용을 정리하면 다음과 같다.

알츠하이머병에 걸리면 인지능력이 저하된다. 그래서 본인의 영역, 가족의 영역을 지킬 수 없게 되어 서로의 주체성과 자유를 빼앗는 경우가 생긴다. 그리고 이는 알츠하이머병 환자만의 문제가 아니라 가족이 환자에게 예전과 똑같기를 기대하는 것이 문제가 되기도 한다.

그리고 무언가를 '할 수 있고 못하고'는 '그 사람다움'과 다른 문제인지도 모른다. 엄마가 못하는 일이 늘어나면서 내가 상처를 받는 이유는 아마도 엄마와 나 자신을 제대로 분리하지 못하고 또한 엄마와 딸이라는 역할에 얽매여 엄마라는 개인을 보지 않기 때문인지도 모른다.

그러면 엄마의 '엄마다움'은 대체 무엇일까.

예전에는 했던 일을 못하게 되고, 내가 알고 있는 대로 행동하지 않는 엄마를 보면서 상실감을 느끼는 것은 확실하다. 결국

인지능력의 저하로 '엄마다움'의 일부를 잃게 된 것은 의심의 여지가 없는 사실이다. 그런데 인지능력이 저하돼도 '엄마다움'이 남아 있다면 그것은 대체 무엇일까.

이 문제를 본격적으로 다루기 이전에, 먼저 인지능력 저하로 나타나는 현상 중에서 본인과 가족에게 가장 충격적인 것은 무엇인지, 어떤 것을 못하게 되었을 때 가장 힘든지를 생각해보자.

알츠하이머병에서 생기는 인지능력 문제 중에서 본인과 가족이 두려워하는 것 중 하나는 친구나 가족의 얼굴을 알아보지 못하는 현상일 것이다.

알츠하이머병이 진행되면 실제로 그런 상태가 되는 경우가 있다. 처음에는 얼굴은 알아보지만 이름을 떠올리지 못한다. 그리고 그 단계를 넘어서면 얼굴을 보고도 누구인지 모르게 되며 친숙함조차 느껴지지 않는 상태가 되기도 한다.

그런 현상은 어떻게 일어나는 것일까?

이는 뇌 위축이 해마에만 국한되지 않고 대뇌피질까지 넓게 일어났을 때로 보인다. 여러 차례 반복했듯이 대뇌피질은 기억의 저장고다.

대뇌피질의 측두엽에 있는 방추상회라는 부위가 사람의 얼굴을 기억하는 데에 중요한 역할을 한다. 강한 충격, 뇌종양, 뇌경색 등으로 이 부위가 손상되면 '안면실인증Prosopagnosia'이라는 질환을 일으키는 것으로 알려져 있다.

어떤 사람의 눈이나 코 등 하나하나의 부위는 인식하는데도 얼굴 전체를 하나로 인식하지 못해서 그 사람이 '누구'인지 알아보지 못하는 질환이다. 시력에 문제가 있는 것이 아니어서 얼굴을 보고는 있지만 그 사람이 '누구'인지 모르는 것이다.

알츠하이머병에서 이러한 뇌 부위에 위축이 일어나면 '안면실인증'을 일으켜서 가까운 사람을 알아보지 못할 수 있다.

또한 '카프그라 증후군Capgras syndrome'이라는 기묘한 증상도 존재한다.

어떠한 이유에서 편도체 등 감정에 관계하는 뇌 부위에 이상이 생기면 가족이나 연인, 친구 등 자신에게 소중한 사람들을 보고 '겉모습이 똑같은 가짜가 위장하고 있다!'고 믿어버린다.

'카프그라 증후군'은 안면실인증과는 달리 얼굴을 보면 '이 사람은 내 남편이다.'라고 정확하게 인식한다. 남편이라는 것은 시각적 인지로 알지만 감정에 관여하는 뇌 부위의 이상으로 남편을 보면 당연히 생겨야 할 친숙함이 느껴지지 않는다.

그래서 뇌는 '남편인데 친숙함이 느껴지지 않는' 뒤죽박죽인 상황을 어떻게든 이해하려고 하다 보니 '그래, 진짜라면 친숙함이 안 느껴질 리가 없어. 이 사람은 겉모습만 똑같은 가짜야.' 하며 합리화하는 것이다.

알츠하이머병이 진행하면 가끔 카프그라 증후군이 발생하기도 한다는 보고가 있다.

이처럼 가족이나 친한 친구를 인식하지 못하게 되는 경우가 있다. 이는 자신의 인생에 깊숙이 관여했던 사람들과 인생에서 가장 소중한 기억을 잃는 것이며, 타인의 얼굴에 대한 기억 상실이면서 동시에 결정적인 '자기' 상실이라고 할 수 있다.

자신이 언젠가 그렇게 된다고 상상하면 분명 두려운 상황이다. 또한 가족과 친구 입장에서도 자신이 잊히면 '아, 이 사람은 내가 모르는 먼 곳으로 가버렸다.'며 깊은 슬픔을 느낄 것이다.

인지능력을 잃어도 남아 있는 것

치매는 '기억을 잃고 가족의 이름도 얼굴도 잊게 되는, 자신이 자신이 아니게 되는 병' '자립성을 잃어 소중한 사람들을 힘겹게 하는 병' '치료 약이 없는 병'이다. 이는 어떤 의미에서는 사실이다. 이러한 얘기만 들으면 정말로 두려운 기분이 들 것이다.

안락사가 법적으로 허용되는 네덜란드에서는 치매가 의외의 형태로 문제가 됐다. 치매에 걸리면 해야 할 치료도 하지 말고 아직 자신의 정신이 명료할 때 안락사를 해달라는 의사표시를 하는 사람이 늘고 있다고 한다. 물론 치매에 대한 두려움 때문이다.

정신이 명료한 자신만이 '자신'이며, 기억력과 판단력이 저하된 자신은 '자신'이 아니다. 비참한 상태로 살고 싶지 않다. 무능한 자신을 용납할 수 없으니 안락사를 원한다 등등 그들이 안락사를 원하는 이유는 모두 건강한 자신만을 자신으로 믿기 때문이다.

내게도 그런 마음이 있지만, 약한 자신이 비참하다는 것은 아직은 '강한' 사람이 지닌 환상인지도 모른다.

유년기, 사춘기, 청년기는 인생의 강하고 밝은 면만을 보며 살아가는 시기다. 앞으로 인생은 점점 좋아질 것이고, 아직 못 본 것이 기다리고 있고, 많은 것을 배워서 무언가를 이뤄내겠다는 기대로 가득하다. 하지만 그런 밝은 시기가 대부분의 사람에게 있는 것과 마찬가지로 배웠던 것도 서서히 잊고 길러둔 체력도 약해지는, 결코 밝다고 할 수 없는 시기도 대부분의 사람이 경험한다. 그런데도 이후의 시기는 마치 '없는 것'으로 무시하거나 '비참'하다고 생각한다.

특히 알츠하이머병에 걸리는 건 '비참한 상태'로 보일지도 모른다. 뇌에 생긴 질환으로 인생의 소중한 것까지 기억하지 못하게 되기 때문이다. 그 상황을 머릿속에 그려보면 충분히 불행해 보인다. 하지만 알츠하이머병에 걸린 환자가 정말로 인생을 비참하다고만 느끼는지는 직접 물어보지 않으면 알 수 없다.

알츠하이머병은 기억력, 판단력, 소통능력 등이 저하되는 질환인 탓에 이야기의 일관성을 기대하기 어렵다. 그런 이유로 본인들의 증언에 크게 의미가 없다고 판단해서 오랫동안 필요한 조사가 이루어지지 않았다.

알츠하이머병 환자가 정말로 어떻게 느끼는지 밝혀지지 않은 탓에 더욱 사전 이미지만으로 '그런 상태가 되면 살아가는 의미가 없다.' '그런 상태가 되면 죽게 해달라.'며 안락사를 희망하는 사람들이 나타났다.

그렇게 안락사를 희망했던 사람 중에 마르호트Margot라는 사람이 있다. 그녀는 치매에 걸렸고, 증상이 악화하면 안락사를 원한다는 의사표시를 했다. 하지만 마르호트는 실제로 증상이 진행되자 자신이 과거에 그런 의사표시를 했다는 사실을 잊었으며 매일 시설에서 제공하는 땅콩버터 샌드위치를 행복한 듯 먹었다고 한다. 그녀는 기억력, 이해력을 잃었지만 행복하게 살고 있었다.

이처럼 타인이 상상하는 알츠하이머병, 또한 아직 병에 걸리기 전에 상상하는 알츠하이머병과 현재 알츠하이머병을 앓는 사람들의 실제 느낌은 다를 가능성이 있다. 적어도 알츠하이머병 환자에게 행복을 느끼는 능력은 남아 있다. '지금 현재 행복한 상태에 있는 사람을 기억하지도 못하는 사전 의사표시에 따라 안락사를 시켜야 하는가?' 하는 논의도 제기되고 있다.

치매 환자는 자신의 상태를 어떻게 느낄까

이러한 흐름 속에서 치매 환자가 자신의 상태를 어떻게 느끼는지, 자신에게 일어난 문제를 깨닫고 있는지, 질환에 대해 스스로 어떻게 대처하는지에 대해 인터뷰를 해서 그들의 발언을 진지하게 들어보려는 시도가 시작됐다.

2007년에 네덜란드 학자인 마리케 E. 데 보어Marike E. de Boer가 작성한 보고서를 살펴보면 다음과 같은 결론을 알 수 있다. ① '치매는 스스로 아무것도 못하는 두렵기만 한 질환'이 아니었다. ② 치매로 인해 다양한 어려움과 부정적인 감정이 생기는 것은 부정할 수 없지만, 이에 대해 환자들은 단지 수동적으로 받아들이는 것이 아니라 곤란을 극복하고자 다양한 전략을 찾아내고 시도한다. ③ 제삼자가 봤을 때는 언뜻 이상한 행동도 사실은 자신의 문제를 극복하기 위해 고안해낸 행동인 경우가 많다.

결국 치매 환자들은 자기 나름대로 상황을 이해하고 그 상황에 필사적으로 적응하고 있었으며 증상이 진행되면 다시 새롭게 적응하려고 노력하는, 삶에 적극적인 사람들이었다.

구체적인 상황을 보자.

알츠하이머성 치매의 중요한 진단 기준으로 '자각이 없다'는 증상이 있다. 알츠하이머병 환자는 잊었다는 사실 자체를 잊어버리고 주의력도 부족해서 상황에 안 맞는 행위나 발언을 하면서도 그 사실을 깨닫지 못할 때가 있다. 타인이 볼 때 '뭐지?' 하고 의아해할 행동을 하면서도 왜 이상한지 깨닫지 못한다.

해마가 손상되어 현재를 기억하지 못하게 되었다면 지금 자신의 행동이 기이하다는 점을 자각하지 못하는 것은 당연할지도 모른다. 그래서 더욱 '자각 없음'을 판단 기준으로 삼았던 것이다. 하지만 이 무자각은 사실 일종의 '적응'이었다는 사실이 인터뷰를 통해 밝혀졌다.

생각해보니 엄마도 내가 도저히 안 되겠다 싶어서 처음으로 병원에 가자는 말을 했을 때 화를 냈었다.

"내 몸 상태는 내가 제일 잘 알아. 안 되겠다 싶으면 알아서 병원에 갈 거야. 별거 아니니까 내버려 둬."

나는 그때 엄마가 상태의 심각성을 모른다고 생각해서 슬퍼할 뿐이었다. 그래서 인플루엔자 예방주사를 맞으러 가는 척하면서 담당 의사에게 '최근에 불편한 점은 없습니까? 기억력이라든지…….' 하며 자연스럽게 얘기를 꺼내 달라고 사전교섭까지 해두고 병원에 갔었다.

하지만 놀랍게도 그날 처음 본 의사가 그렇게 말하자, 엄마는 갑자기 온순해져서 "조금 깜박깜박하는 것 같아요." 하고 대답했다. 그러자 의사는 "그러면 한번 검사해보시죠." 하고 대형병원에 소개장을 써줬고 순조롭게 검사가 시작됐다.

그러니까 엄마는 정말로 자각이 없었던 것이 아니라 자신이 이상하다는 말을 딸에게 듣는 것이 괴로웠거나, 딸 앞에서 자신의 병을 인정하기 힘들어서 부정했을 뿐일 가능성도 있었다. 전혀 모르는 타인에게는 솔직하게 말할 수 있어도 자신이 지켜왔던 '딸'에게 자신의 약한 부분을 보일 수 없었을 것이다.

데 보어의 보고서에 따르면 초기 치매 환자를 대상으로 한 인터뷰에서 환자 대부분은 자신의 증상을 어느 정도 자각했다. 그들은 자신의 상태에 대한 걱정과 불안을 이야기했다. 그리고 자신들이 가장 상처받은 일에 대해 말했다. 그것은 사람들 앞에서 실수하는 것, 가족에게 인정받지 못하는 것, 가족이 자기 일을 전부 대신하려는 것이었다.

그들은 자신이 행한 실수와 그 실수에 대한 타인의 반응을 통해 자신이 무능하다고 느꼈고, 자아에 상처를 받고 위협받았다. 이처럼 자각이 있었기에 더욱 실패를 감추고 얼버무린다. 제삼자는 그렇게 얼버무리는 모습을 보고 '자각이 없다'고 판단하지만, 자각이 있기 때문에 본인들은 더욱 필사적으로 자신을 지키려고 하는 것이다.

엄마에게서도 그런 구체적인 사례가 있었다. 엄마가 어느 슈퍼마켓의 화장실에 들어갔는데 그곳의 잠금장치가 익숙한 집 화장실과 전혀 달라서 문을 열지 못하고 갇힌 적이 있었다. 다른 사람의 도움으로 다행히 구출은 됐지만, 구출됐을 때 엄마는 고맙다는 말도 없이 평상시처럼 손만 씻고 재빨리 화장실을 나가 버렸다. 그곳에 있던 내가 더 놀라서 울먹이며 사람들에게 감사의 뜻을 전했다. 하지만 그때 엄마는 '도움을 받았던 것을 몰라서' 총총 나가버린 것이 아니라, 너무 충격을 받은 나머지 '아무 일도 없었어, 괜찮아.' 하고 조금이라도 자신의 자존심을 지키려 한 것이라고 느꼈다. 그 후 엄마는 하루 종일 얼굴이 창백하게 질려 있었기 때문이다.

이처럼 실수를 깨닫지 못하는 듯한 '자각'의 문제와 마찬가지로, 알츠하이머병 환자가 이전까지 잘해왔던 일을 못하게 되거나 사람들 앞에 나서기 싫어하는 것도 '인지능력의 저하' 탓만은 아니었다. 실수할 가능성이 있는 일을 피함으로써 자존심에 상처 입을 개연성을 줄이고, 자신 있는 일만 해서 나름의 만족감을 얻으려는 것이기도 했다. 그들은 자신이 어떻게 하면 만족스럽게 살 수 있을지, 어떻게 하면 다른 사람에게 피해를 주지 않을지, 어떻게 하면 사람들에게 도움이 될지 등 자신의 증상에 대한 대책을 궁리한다.

사실도 아니고 앞뒤도 맞지 않는 기묘한 이야기를 자꾸 만들어내는 것도 때로는 무신경하고 무감각해 보이는 것도 그 사람이 필사적으로 자신을 지키고자 하는 증거였다. 건강한 사람도 새로운 상황에 부닥쳐 불안하거나 자아를 위협받거나 할 때는 자신을 강하게 보이려고 허세를 부리기도 하고 자신의 기대에 부합하는 정보만 받아들이기도 한다. 치매 환자들에게 나타나는 '엉뚱한 행동'은 '정상적인' 문제 대처 능력을 최대한 사용하는 것이다.

치매에 걸리고 많은 시간이 흐른 뒤에도 행복을 느끼는 순간이 있다고 한다. 마르호트의 땅콩버터 샌드위치는 바로 그것이었다. 요양 시설이라고 해도 환자들이 스스로 할 수 있는 일을 하도록 배려해주는 곳, 간단한 일이라도 타인의 간섭 없이 주체성을 느끼며 할 수 있게 해주는 곳, 사소한 일이라도 남에게 도움이 되고 인정받을 수 있는 일을 하게 해주는 곳이라면 그곳을 좋아하게 되고 즐겁게 지낼 수 있다고 한다.

'할 수 없다'는 것은 결코 노쇠했음을 의미하는 것이 아니며, 비참하기만 한 것도 아니다.

알츠하이머성 치매 환자의 사회적 감수성

알츠하이머성 치매 환자들이 지닌 사회적 감수성은 적어도 초기에는 건강한 사람과 같음을 보여준다. 예컨대 알츠하이머성 치매보다 비교적 드물게 나타나는 치매 중 하나로 '전두측두엽 치매 Frontotemporal dementia'가 있는데, 처음으로 뇌에 이상이 나타나는 부위가 해마가 아닌 전두엽과 편도체 등 사회성과 감정을 관장하는 영역에서 일어나는 치매다. 이 치매 환자들이 대화 중에 상대방의 눈을 응시하는 시간을 조사해보니 비정상적으로 길거나 짧았다.

이에 반해 알츠하이머성 치매 환자들은 시선을 교환하는 방식이 건강한 사람과 다르지 않았다. 알츠하이머병 환자들은 사람의 시선에 적절한 관심이 있고 민감하기 때문에 더더욱 자신이 범한 실수에 대해 사람들이 어떤 표정을 짓는지를 정확하게 인식했던 것이다.

이런 의미에서 특히 해마 외의 뇌 부위는 비교적 정상적으로 활동하는 초기 알츠하이머병 환자들은 감정적인 위기에 서 있다고 볼 수 있다. 자신의 증상에 아직 익숙하지 않아 당혹스러운 일들이 많은 와중에 사람들의 반응은 정확하게 읽히기 때문이다. 기억 외에는 정상이기에 더욱 견디기 힘든 것이다. 이 시기에 자살 충동을 일으키는 경우가 많고, 네덜란드에서는 안락사 의사를 밝히는 사람들이 많이 나타난다고 한다.

하지만 중요한 것은 상상 속의 비관적인 미래와 실제의 미래는 다르며, 사람은 적응하기 마련이라는 점이다. 사람은 자신의 상태를 필사적으로 이해하려고 하고 실수를 가볍게 흘려버리거나 할 수 있는 일을 찾는 등 어떻게든 대처 방법을 마련해낸다. 가족도 마찬가지로 환자의 상태에 익숙해지고 환자와 자신을 지키는 방법, 동요하지 않는 방법 등의 대처 방법을 깨달아간다. 그렇기 때문에 상황은 개선된다. 아직 행복은 남아 있다.

인간은 어떤 상황에 처해도 남아 있는 뇌 부위를 사용해 자신을 지키고 살아남는 '적응'을 한다. 배움은 통상적으로 더 많은 것을 기억하고 올바르게 행동하는 것을 의미한다. 그런 의미에서 자신에게 주어진 상황을 나름대로 받아들이고 살아가려는 희망을 찾아내는 것도 배움이라고 할 수 있지 않을까.

해마의 위축뿐만 아니라 대뇌피질의 다양한 영역에서 위축이 일어나도 사람은 여전히 남아 있는 뇌 부위를 사용해서 자신이 놓인 상황에 마지막까지 적응하려고 한다. 가족, 친구를 잊었다고 해도 여전히 그렇다. 죽기 전까지 남아 있는 이 적응력을 그리고 실제로 어떻게 마지막까지 살았는지 하는 그 전부를 '자신' 또는 '그 사람다움'이라고 할 수는 없을까?

타인이 볼 때 그 상태는 비참할지도 모른다.

현재의 나도, 갖가지 인지능력이 저하된 미래의 자신을 상상하면 역시 비참하다는 생각이 들기도 한다.

하지만 아무리 뇌가 위축되고 아무것도 모르게 된다고 해도 뇌는 행복하게 살기 위해 노력한다. 그 과정도 충분히 존중받아야 할 '그 사람'인 것은 아닐까.

나는 젊고 건강한 '좋은 시기'뿐만 아니라, 처음부터 마지막까지를 포함한 '엄마'의 존재를 응시하는 법을 알게 된 건지도 모른다.

치매였던
칸트

『순수이성비판*Kritik der reinen Vernunft*』 등의 저서를 통해 서양철학에 중대한 영향을 끼쳐온 1724년생의 철학자 임마누엘 칸트

Immanuel Kant는 만년에 기억장애를 동반한 치매를 앓았다고 한다(알로이스 알츠하이머 박사가 처음으로 알츠하이머병의 증례를 발표한 때가 1907년이다. 칸트가 이미 땅속에 묻힌 지금에서는 그가 어떤 치매였는지 특정하기 어렵지만, 아마도 알츠하이머병이었을 것으로 보고 있다).

칸트는 '인간은 어떻게 하면 잘 살아갈 수 있을까'와 인간의 '이성'에 대해 누구보다 깊게 고민했던 사람이다. 그러한 사람도 치매에 걸렸다는 사실에 '칸트조차 걸리는 병이라면, 누가 걸린들 어쩔 수 없다!'고 조금 위안을 얻기도 한다. 사람이 치매에 걸리는 이유는 게으르고 노력을 안 해서가 아니다.

칸트는 무척이나 사교적이었으며 대화의 달인이었다고 한다. 거의 매일 식사 모임에 나가거나 직접 모임을 열었고, 모임에서는 한 사람 한 사람의 이야기를 잘 들어주었고, 명확하게 핵심을 짚어내면서도 풍부한 유머 감각으로 즐겁게 대화를 이어나갔다. 그래서 모임이 끝날 때면 참석한 사람들 모두가 유쾌하게 돌아갔다고 한다.

하지만 그런 지성적인 인물이 사망하기 몇 년 전부터는 똑같은 말을 몇 번이나 되풀이했고, '여름은 유월, 칠월, 팔월의 석 달'이라는 당연한 내용까지 노트에 쓰며 확인하게 됐다. 더 이상 재치 있고 즐거운 대화는 기대할 수 없었으며 의사소통조차 힘들어졌다.

하지만 중요한 것은 주위 사람들의 태도였다. 오이 겐大井玄의 『치매에 걸린 칸트에게 이성은 있을까呆けたカントに「理性」

はあるか?』라는 책에 의하면, 이 위인의 극적인 변화에 대해 주위 사람들은 칸트가 자신들을 잊었어도 여전히 그 누구 하나 칸트를 무시하거나 책망하지 않았다고 한다.

칸트의 철학적 업적이 너무 위대했고 또한 존경할 만한 인품이었기 때문일 것이다.

'자신이 받기 원하는 대로 타인에게 하자' '타인을 수단이 아닌 목적으로 대하자'고, 자신이 쓴 사상 그대로 철저하게 타인을 존중해온 경탄할 만한 인물이었다고 한다. 그러한 삶의 방식 때문인지 칸트에 대한 주위 사람들의 존경심은 사라지지 않았다.

칸트에게는 공격성, 배회 등 주변 증상이 거의 없었던 듯하다. 대화를 나누고 마음을 통할 수는 없게 되었어도 주위에서 우러르는 신 같은 존재로 평생 평온하고 행복하게 살았다.

무엇을 잊어버렸고 무엇을 하지 못하게 됐든 여전히 존경받을 수 있으며, 주변의 그러한 존경에 의해 그 사람의 존재 방식이 달라지는 것은 확실하다.

마지막까지 행복하게 사는 '그 사람다움'을 지켜주기 위해 주변 사람들이 할 수 있는 일이 있는 것이다.

칸트처럼 위대한 사람만이 그렇게 살 수 있는 것은 아니다. 그것을 보여주는 예가 임상심리학자였던 가와이 하야오河合 隼雄의 『나이 듦이란 어떤 것일까「老いる」とはどういうことか』에 나와 있다. 이 책에 의하면, 옛날 홋카이도에 살았던 아이누 민족은 마을의 노인이 '노망'해서 말이 통하지 않게 되면 '신의 언어

를 말하게 되었다'고 생각했다. 그러니까 자신들과는 마음을 통할 수 없는 신 같은 존재가 되었다고 생각함으로써 원만하게 살았던 듯하다. 타인을 자신과 '다른' 존재로 생각하여 소중하게 대할 수 있었던 것이다.

5

감정이야말로 지성이다

엄마가 알츠하이머병에 걸리면서 생긴 변화를 떠올려본다.

먼저, 창백한 얼굴로 소파에 앉아 있는 날이 많아졌고(하지만 이 부분은 이후에 개선되었고 웃는 얼굴을 볼 수 있게 되었다), 좋아했던 합창단 연습을 안 하게 되었다. 원래는 사교적인 사람이었는데 자진해서 외출하는 일이 없어졌다. 그리고 식단을 정하거나 여러 단계를 거쳐야 하는 요리를 할 수 없게 되었다(하지만 자신이 하고자 하는 마음은 강해서 내게 요리를 전적으로 맡기지는 않았다). 편식이 심해졌고 내가 만든 요리를 싫어했다. 그리고 지금 이곳에 없는 사람을 있는 것으로 착각한다. 또한 예전에는 '척하면 척하고' 통했던 모녀였지만, 서로의 의사를 제대로 이해하기 힘들어졌다.

알츠하이머병의 치료 및 지원과 연구를 솔선하고 있는 미국의 알츠하이머협회Alzheimer's Association에서 제공한 〈가족에게 전하는 조언Caregiver Tips & Tools>에 의하면, 알츠하이머병에 의한 전형적인 인격변화는 다음의 여덟 가지다. ① 무기력 ② 좋아했던 활동의 흥미 상실 ③ 피해망상 ④ 그릇된 사고 ⑤ 사회적 은둔 ⑥ 의사결정 불가 ⑦ 자주성 상실 ⑧ 타인에 대한 무관심.

위 증상과 비교해보면 정말로 엄마는 전형적인 인격변화를 겪고 있다고 할 수 있다.

엄마에게 나타난 구체적인 두 가지 증상을 통해 '⑧ 타인에 대한 무관심'에 대해서만 보충설명을 한다.

병명이 확정된 후 딱 2년이 지난 가을의 일이다. 밤밥을 지어서 불단에 공양하려고 들고 갔다가 향로의 재에 성냥이 거꾸로 꽂혀 있는 걸 발견했다. 향로는 선향을 꽂는 곳인데 성냥이 왜 있을까 하고 놀라서 뽑고 보니 바로 옆에 또 성냥 네 개가 꽂혀 있었다. 성냥은 재가 묻어 있었지만 사용하지 않은 상태였다. 왜 사용하지도 않은 성냥이 다섯 개나 향로에 거꾸로 꽂혀 있는지 나는 의아했다.

이처럼 의미를 이해하기 힘든 행동은 역시 엄마가 했으리라 짐작해서 엄마에게 물어보니, "성냥? 이상하네. 난 그런 짓 안 했어."라고 한다. 아버지에게 물어보니 "불단에 공양드리는 일은 내 일이 아니라서 원래 그곳에 가지도 않는데." 하고 대답한다.

매일 불단에 공양을 올리는 일은 오랫동안 엄마가 해오셨고 아버지가 선향을 올리는 경우는 명절이나 기일 정도였다. 그러니까 아마도 엄마가 평소의 습관대로 불단에 갔을 때 성냥갑에서 성냥을 꺼냈는데 갑자기 사용법이 떠오르지 않았고, 하지만 그대로 두면 위험하다고 느껴서 눈앞에 있는 향로의 재를 보고 '여기에 꽂으면 안심'이라는 생각에 한 행동일 것이다.

그 순간에 엄마는 '향로는 선향을 올리는 곳'이라는 의미가 사라지고, '재는 불을 끄는 것'이라는 직접적인 의미만 남은 것으로 보인다.

나와 아버지가 세상에 붙인 의미가 가끔가다 엄마에게는 통하지 않았고, 엄마는 이를테면 '불은 재로 끈다'처럼 보다 직접적인 의미라고 할까, 엄마의 좁아진 시야에서 단편적으로 연결된 그때만의 의미로 행동하는 경우가 있다.

이후에 내가 "향로는 선향을 꽂는 곳이니까 성냥은 이쪽 용기에 넣어." 하고 엄마에게 향로의 원래 의미를 상기시켰다. 그러자 재는 '불 끄는 것'의 의미가 사라진 엄마는 '향로에 성냥을 꽂다니 내가 그런 이상한 행동을 했을 리가 없다'며 나와 아버지가 보인 같은 의미의 반응을 보였다.

이처럼 엄마는 종종 단편적인 행동을 하게 되었다. 엄마의 주의력 폭이 좁아졌고, 그 좁은 세계 속에서 행동하는 경우가 있다는 것을 이해하지 못하면 주위 사람들은 '자신이 소중하게 생각하는 곳에 이상한 행동을 했다'고 느껴 괴로워하게 된다. 타인의 감정을 제대로 인식하지 못한다는 의미에서, 미국 알츠하이머협회에서 말한 '⑧ 타인에 대한 무관심'이라고 생각한다.

조금 더 설명해보자. 엄마의 심해진 편식을 걱정하던 어느 날 나는 업무차 갔던 곳에서 엄마가 분명 좋아할 만한 음식을 발견했다. 간장으로 달콤 짭짜름하게 조린 커다란 붉은강낭콩이다. 엄마는 원래 콩을 좋아하는데, 콩자반은 요리 시간이 길고 번거로운 음식이어서 내가 만들기에는 무리가 있었다. 나는 기쁜 마음으로 그 콩자반을 사서 집으로 돌아왔다.

하지만 귀가 시간이 늦은 탓에 그날은 부모님이 이미 잠자리에 드셨고, '내일 드려야지.' 하며 기대에 부푼 마음으로 냉장고에 넣고 나도 잠을 청했다. 그리고 아침에 일어나서 냉장고를 열었는데 콩자반이 보이지 않았다. 찾아보니 싱크대 구석에 버려져 있었다. 그것도 굳이 봉지에서 꺼낸 상태였다.

엄마는 자신이 샀던 기억이 없는 것이라서 '필요 없는 것'이라고 생각했을까, 아니면 검고 커다란 콩의 모습이 낯설고 께름칙하게 보였을까(알츠하이머성 치매는 후두정피질의 감각통합 기능 문제로 '이 물건이 무엇이다'하는 인식을 제대로 하지 못한다. 그래서 크고 검은 물체를 벌레로 착각하는 경우가 많다). 엄마를 기쁘게 해주려고 애써 사 왔는데 왜 버린 건지, 나는 납득할 만한 이유를 찾을 수가 없었다. 엄마가 나쁜 마음으로 버리진 않았겠지만 그래도 나 자신의 선의가 짓밟힌 기분이 드는 건 어쩔 수 없었다. 이때도 "왜 내가 사 온 콩자반을 버렸어?" 하고 엄마에게 물었더니, "네가 사 온 걸 내가 왜 버리니?" 한다. 엄마의 표정은 진지했으며 '그랬을 리가 없다'는 눈빛으로 내게 필사적으로 호소했다.

이러한 행동들은 주의력의 폭이 좁아져 사물을 단편적으로 인식한 탓에 '상대방이 깜짝 놀랄 행동을 한다' '타인의 감정을 제대로 이해하지 못한다'는 의미에서 '⑧ 타인에 대한 무관심'이라고 할 수 있다.

이런 행동들은 주변 사람에게 확실히 상처를 준다. 하지만 주목해야 할 것은 알츠하이머병 환자들의 사회적 관심은 비교적 정상이라서 정말로 타인의 감정에 관심이 없어진 것이 아닐 가능성이 있다는 점이다. 타인에게 관심이 없는 것이 아니라 주의력의 폭이 좁아진 탓에 타인의 감정을 깨닫지 못할 뿐이라고 생각한다.

지금까지 예를 들었던 엄마의 변화는 정리하자면, 해마의 위축과 후두정피질의 활동저하 또한 서서히 진행되는 대뇌피질 전체의 위축으로 인해 기억력, 주의력, 판단력 등 인지능력이 떨어져서 생기는 인격변화다.

확실히 엄마는 인지능력의 저하로 인해 의사소통이 어려운 먼 곳으로 가버린 것 같아 쓸쓸한 마음이 들 때도 있다. 하지만 중요한 것은 엄마가 치매일지도 모른다고 의심하기 시작했던 당초에 내가 상상하고 두려워했던 '인격변화'와는 조금 다른 형태라는 점이다.

무슨 말인가 하면, 엄마는 정보를 올바르게 전해주기만 하면 예전과 같은 반응을 보인다는 것이다. '향로에 성냥 따위 꽂지 않아.' '네가 사 온 것을 버릴 리가 없잖니.'와 같은 반응도 그

랬고, 다음의 내용도 마찬가지다.

아버지 생신에 태풍이 왔다. 하지만 일 년에 한 번인 아버지의 생신이니 비록 궂은 날씨지만 케이크를 사러 가자고 부모님께 얘기했다. 아버지는 "꼭 오늘이 아니어도 되고 또 케이크가 없어도 괜찮다."고 하셨다. 하지만 엄마는 "사러 가요, 우리. 그것도 아주 큰 거로 사 와요." 하셨다. 이 말에는 예전과 변함없는, 아버지에 대한 확실한 애정이 보인다.

나는 인지기능이 만든 '그 사람다움'과 좀 더 근본적인 감정이 만드는 '그 사람다움'의 두 가지가 있는 것은 아닐까 생각했다.

정보가 올바르게 전해지지 않아 이상한 반응이 나올 때가 있지만, 정보가 올바르게 전해지면 예전과 똑같은 감정의 반응이 나온다. 무엇을 좋아하고, 무엇을 싫어하고, 상황에 대해 어떻게 반응하는가 하는 감정은 다소 극단적으로 된 부분은 있지만, 엄마는 거의 변하지 않았다는 생각이 든다.

치매 진단 2년 반이 지나고

엄마가 치매로 진단받은 지 2년 반이 흘렀을 즈음, 잃어버린 것에만 주목할 게 아니라 남아 있는 것에 더 주목해야 한다는 사실을 깨닫기 시작했다. 엄마에게 남아 있는 것은 무엇일까. 최근 엄마의 행동 중에서 인상적이었던 것은 다음의 여섯 가지다.

(1) 엄마가 치매 진단을 받고 2년이 됐을 때의 어느 가을날, 나는 생각지도 못한 업무상의 실수를 했다. 집에 돌아와 엄마 얼굴을 본 순간 안심했는지 나도 모르게 매달려 울었다. 그러자 엄마는 "누구에게 무슨 소리를 들었니?" "누가 괴롭히니?" "네게 나쁜 말을 하는 사람이 있니?" 하며 쉴 새 없이 질문했다.

치매에 걸리기 전에 자주 봤던 다정한 엄마의 반응이었다.

혼자 저지른 실수여서 엄마의 질문에 대한 대답은 전부 '아니'였지만, 일일이 아니라고 대답하기 귀찮았고 또한 예전과 변함없는 엄마의 그런 반응을 보는 것이 기뻐서 나는 그대로 한동안 엄마 품에 안겨 울었다(역시 응석을 부릴 수 있는 건 행복한 일이다!). 그러자 엄마는 가만가만 날 다독여주셨다.

"괜찮아. 엄마도 있지, 싫은 소리를 하는 사람이 있단다. 하지만 엄마는 그럴 땐 가만히 있어. 아무 말도 안 하기로 했거든. 할 수 없는 일은 많은 법이야. 적당히, 적당히 해."

역시 무척이나 엄마다운 반응에 놀랐다. 또한 '싫은 소리를 하는 사람'이, 내가 화가 나서 엄마에게 화를 냈을 때를 말하는 것은 아닐까 하고 울면서도 쓴웃음을 지었다.

예전과 똑같은 감정은 남아 있으며, 엄마는 나름대로 많은 것을 느끼고, 생각하고, 배우며 살아가고 있다.

(2) 엄마는 매일 특정 아침드라마를 본다. 아침에 보고 점심 때 재방송을 보는데도 처음 본 것처럼 웃는 모습을 보면 내용을 기억하는 것 같지는 않지만, 빼먹지 않고 본다. 그런데 놀랍게도 어느 날 평상시처럼 아침드라마가 시작하자, 텔레비전에서 나오는 주제곡의 멜로디를 따라 흥얼거리기 시작했다. 치매에 걸린 지 2년 반이 흘렀고 병세는 이전보다 진행됐을 터였지만, 여전히 노래를 좋아하셨고 더욱이 현재 새로운 곡이 엄마 뇌에 정착한 것이다. 엄마는 여전히 앞으로도 '새로운 것'을 기억할 수 있다는 것을 깨달았다.

(3) 그러고 보니 2년 이상이 흐른 지금, 엄마는 아침마다 내게 "오늘은 어디에 가니?" 하고 묻고, 나는 "대학에 수업이 있어서 나가." 하고 대답하면, "그래, 열심히 해." 하며 배웅해주신다. 엄마의 '열심히 해'는 열심히 공부하라는 의미가 아니라, 학생들 앞에서 열심히 가르치라는 느낌으로 들린다. 내가 학생으로서가 아니라 선생으로 간다는 사실을 아무래도 이해하고 있는 듯했다. 치매라고 진단을 받은 초기에는 "그런 일을 하니? 대단하네!" 하며 처음 듣는 것처럼 매일 놀라셨는데, 2년이 지나자 기억하게 된 것이다. 새롭게 시작된 내 일을 기억하는 건 무리라고 생각했지만, 그것도 가능했다.

(4) 엄마는 산책을 아버지와만 하는 것은 아니고, 아버지가

안 계실 때는 나와 함께 하기도 한다. 그럴 때는 엄마가 평상시에 아버지와는 안 가는 곳에 가보자는 생각에 집에서 전철역까지 걷고 엄마의 본가가 있는 역까지 전철을 탈 때가 많다. 그 역에 도착하면 엄마는 갑자기 주도권을 잡는다.

"저쪽 길로 가보자." "저 가게의 박고지 김초밥 사 가자." 등 우리 집 근처에 있을 때와 달리 활기를 띠며 하고 싶은 일을 말한다. 그리고 "이 길을 쭉 따라가면 학교가 나와." "여기서 꺾어지면 신사가 있단다." 하며 내게 가르쳐준다. 놀랄 만큼 말수가 많아진다. 엄마에게는 역시 자신이 어렸을 적의 기억이 강렬하게 남아 있음을 알게 된다. 그리고 하고 싶은 말도, 가르쳐주고 싶은 것도 많음을 느낀다(2018년 6월 19일 자 아사히신문 기사에 따르면, 드레스덴에 위치한 노인 요양원에서 실내 인테리어를 사용자들에게 친숙한 구동독 느낌으로 바꿨더니 치매를 앓는 과묵한 환자들의 말수가 급격하게 늘었고, 화장실을 못 가던 사용자가 안내표지판을 1960년대 것으로 바꿨더니 갈 수 있게 되었다고 한다. 치매 자체는 치료되지 않아도 과거의 기억이 생각지도 못한 형태로 되살아나기도 하며, 그로 인해 '할 수 있는 일'이 이렇게도 늘어난다니 놀라운 일이다).

(5) 2018년 6월에 있었던 축구 월드컵에서 일본 대 콜롬비아전이 방송되었을 때의 일이다. 일본이 처음으로 남미의 강호를 이긴 역사적인 날이었고 다음 날도 또 그다음 날도 텔레비전에서 축구 뉴스가 방송되었다. 엄마는 일본 대표선수가 화면에

나올 때마다 "네 오빠는 어디에 있으려나." 하면서 대표선수 중에서 열심히 오빠를 찾았다. 오빠가 소년시절에 축구를 했던 것은 사실이며, 그래서 축구 경기를 하는 사람들을 보면 오빠를 찾는 것일 터다. 오빠는 어렸을 적 낯을 가려서 단체에 참가시키는 일이 무척이나 힘들었다고 엄마에게 들은 적이 있다. 엄마에게는 축구가 자기 아이의 성격을 드러내는 사건으로 강하게 기억되었구나, 하고 놀랐다. 오빠는 엄마의 기억 속에서는 일본 대표선수다. 틀린 인식이지만, 오빠를 무척 기쁘게 했다.

(6) 알츠하이머병 환자는 자신의 실수를 자각하며 이상하다는 것을 깨닫고 있다고 4장에서 언급했었다. 엄마는 2년 반이 지난 지금 자신의 병을 자각하고 있을까?

지금도 엄마에게는 자신이 자주 틀린다는 자각이 확실하게 있으며, "최근에는 자꾸 깜박깜박해서 큰일이네." 하고 웃으면서 말하기도 한다. 또한 내가 실수를 했을 때는 "틀리면 어떠니." 하고 격려해주기도 한다.

엄마가 자신이 구체적으로 치매에 걸렸다는 사실을 아는지는 모른다. 우리 가족은 엄마에게 실수해도 괜찮다고 말할 때 직접적으로 '치매니까'라는 말은 하지 않는다. 그 말은 '엄마는 치매 환자'라고 단정 짓는 듯해서 하지 못한다. 병원에서 엄마의 진단명을 확실하게 들었고, 처음에는 그래서 도움이 됐던 것도 사실이지만, 그 이후 아무도 직접 그 단어를 사용하지 않는다.

엄마는 매일 밤 약을 먹을 때도 "이건 무슨 약이니?" 하고 묻는다. 그때도 치매약이라고는 하지 않고, '아프지 말라고 먹는 약' '기억력이 좋아지는 약'이라고 표현한다. 그래서 병식病識(자신이 병에 걸렸다는 자각.-옮긴이)은 진전했다고도 후퇴했다고도 할 수 없다.

어쩌면 앞으로는 인지기능의 저하로 후퇴만 하게 될지도 모른다. 하지만 엄마가 웃으며 '자꾸 깜박깜박해서 큰일이네' 하고 말할 수 있다는 것은 자신의 상태에 대해 지금은 차분하게 받아들이는 순간이 있다는 뜻이다.

해마를 포함한 내측 측두엽을 수술로 절제해서 새로운 일을 전혀 기억할 수 없게 된 H.M.의 연구(44쪽 참조)에 관해, 주목할 만한 중요한 사실이 있다.

H.M.은 그는 수술 후, 거울을 보면서 큰 별과 작은 별이 그려진 종이 위에 또 하나의 선을 그어 중간 크기의 별을 그리는 과제를 시도했다. 이렇게 복잡한 과제에도 그는 몇 차례 반복하는 동안 능숙하게 그릴 수 있게 되었다. 그런데 이 과제를 했었다는 기억은 매번 사라졌고, 할 때마다 "이런 과제는 처음이야."라고 말했다. 그럼에도 할 때마다 점점 더 정밀하게 별을 그려서 손의 운동기술은 확실하게 향상되었음을 보여주었다.

이러한 몸의 운동기억, 즉 절차기억은 대뇌기저핵과 소뇌가 담당하며 해마에 의존하지 않아서 해마가 제거돼도 학습이 가

그림6 **절차기억의 학습은 해마가 없어도 가능하다**

거울을 보면서 이중선으로 그려진 별 속에 또 하나의 별을 그리는 사례. 언어가 아닌 몸의 기억인 절차기억은 해마에 의존하지 않기 때문에 수술로 해마가 제거됐거나 손상을 입어도 잊지 않고 새롭게 배울 수 있다.

능한 것이다.

결국, 해마가 손상돼도 새롭게 배울 수 있다. 그리고 더욱 중요한 것은 언어로는 잊어도, 몸은 확실하게 학습하고 있다는 점이다.

가끔 엄마의 친구분이 엄마를 불러내 함께 식사해주신다. 하지만 집에 온 엄마에게 내가 "어땠어?" 하고 물어보면, 그 친구와 만난 것조차 잊고 있을 때가 있다. 그럴 때면 모처럼 불러내준 친구분에게 실례라는 생각에 충격을 받는다. 하지만 이것도 말로는 그 기억을 끄집어내지 못할 뿐, 엄마의 몸에는 '그 사람이 친절하게 대해줬다'는 경험이 확실하게 축적되고 있지 않을까. 외출도 하고 평상시에는 못 만나는 친구 얼굴도 보고, 평소와는 다른 대화를 하고, 맛있는 음식을 먹는 새로운 경험을 몸은 하고 있다.

치매 환자가 생활하는 요양원을 견학한 적이 있었다. 그곳에서 여든을 넘기고 거의 시력을 잃은, 알츠하이머성 치매를 앓고 있는 한 남성을 만났다. 그분에게 인사를 하기 위해 나는 손을 쥐게 해드렸다. 그분이 내 손을 잡은 손에 부드럽게 힘을 주기도 하고 빼기도 하면서 감각으로 내 존재를 확인해주는 과정이 인상적이었다. 시설 관계자에게 들은 이야기로는, 그 남성은 입거한 지 2년 정도 됐으며 직원의 이름을 외우지는 못해도 '아가씨' '아저씨' 하면서 용무가 있을 때는 부를 수도 있고, 처음 들어왔을 때와는 달리 안심하고 몸을 만지게 해준다고 한다. 눈이 보이지 않아도, 치매라도, 2년이 지나면 시설 어디에 자신의 방이 있고 어디에 화장실이 있다는 것도 몸으로 대부분 알고 있는 듯하다.

새로운 장소에 익숙해지는 일은 힘든 일이다. 그 남성은 처음에는 가족과 떨어졌다는 사실에 동요했고 몇 번이나 설명해도 그곳이 어떤 곳인지 이해하지 못해 매일 밤 소리를 지르거나 가족의 이름을 불렀다고 한다. 하지만 지금은 그곳에 자신을 도와주는 사람이 있다는 사실을 이해하고, 그 사람들을 몸의 감촉으로 기억하며 안심하고 생활한다.

또한 그 남성과는 대화를 나누기 힘들지만, 그곳에 민요 가수를 불러 음악 이벤트를 하자 그는 차분하게 손으로 리듬을 탔다고 들었다. 눈이 안 보이고 또한 자신의 인생을 얼마만큼 선명하게 기억하는지 알 수 없는 그의 내면세계 속에 음악은 확실하게 울렸고, 그는 음악에 몸을 맡기고 안심하는 순간이 있다.

나는 구체적인 반응 그리고 언어가 아닌 몸으로 쌓은 학습에 아주 큰 희망이 있다고 느꼈다.

뇌과학에서 본 감정의 역할

현재까지 뇌과학에서 밝혀진 감정의 역할에 관해 설명하고자 한다.

감정에는 엄밀하게 두 종류가 있는 것으로 본다. ① 몸의 반응(이를 정동emotion이라고 한다), ② 그 정동을 자각한 내용, 의식에 느껴진 감정feeling이다.

결국 몸의 반응은 감정의 일종인 것이다.

예컨대 무섭다는 감정은 '손에 땀을 쥐는' 식의 몸의 반응이 먼저 일어나고, 그것을 자각한 것이 '무섭다'는 감정이다. '좋다'는 몸이 무심코 그 대상에 다가가는 일이며, '싫다'는 반대로 그

대상에서 몸을 떼어내는 일이다. '좋다'나 '싫다'는 자각은 몸의 반응 후의 일이며, '감정'은 몸의 반응이 기본이 된다.

그런 까닭에 '몸이 희망이다'라는 말은 '감정이 희망이다'와 같은 의미가 된다.

치매 환자는 '이성은 잃었어도 감정은 남아 있다'는 말을 종종 듣는다. 일반적으로 '사고' 등의 고차원적인 인지기능을 관장하는 대뇌피질보다 호흡기능 등 생명 유지에 불가결한 뇌 부위, 육체에 가까운 부위, 즉 생명체로서 원시적인 부위일수록 위축에 반항하며 마지막까지 남는 경향이 있다.

생명 유지에 필수적인 기능을 담당하는 '파충류의 뇌'라고도 불리는 뇌간과 사물의 이해를 만드는 '인류의 뇌'라고 불리는 대

그림7 **뇌의 진화**

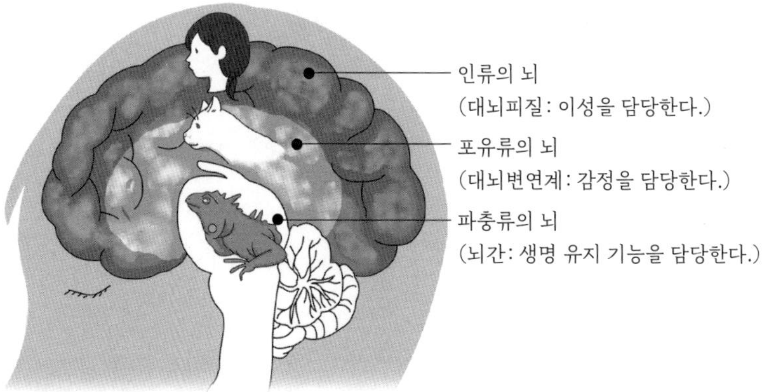

뇌피질 사이에 감정을 담당하는 '포유류의 뇌'인 대뇌변연계가 위치한다(그림7).

논리적으로 이해하는 능력과 이성을 잃고, 감정과 본능만 남는다면 동물과 마찬가지 아닌가, 치매 환자들이 아무리 마지막까지 남아 있는 힘을 사용해서 필사적으로 문제에 대처한다고 해도 감정과 본능뿐이라면 인간다움이 있다고는 할 수 없지 않은가. 그렇게 생각하는 사람이 있을지도 모른다.

그렇다면 육체와 감정이 희망인 이유를 생각해보자.

감정기억은 남는다

어느 날 아침, 잠에서 깨 거실로 나가보니 엄마는 아버지에게 화가 난 듯하다. 아버지는 이미 그곳에 없었지만, 엄마는 "아버지랑 다시는 말 안 할 거야. 정말 제멋대로야." 하며 잔뜩 화가 나 있었다.

"왜 그래? 아버지가 뭐라고 하셨어?" 하고 내가 묻자, "아니야." 하고 대답했다. 난 엄마가 아버지에게 화난 이유도 궁금했고, 엄마의 화를 달래주고 싶은 마음도 있어서 "얘기해봐, 무슨 말이든 괜찮아. 무슨 일인데?" 하고 끈질기게 물어봤지만 "아무것도 아니야. 이젠 절대 말 안 할 거야." 하는 말만 되풀이했다.

무슨 일이 있었는지를 설명하려면 시간순으로 사건을 되짚어야 한다. 그러한 논리능력을 행사하지 못하는 것일 수도 있고 아예 그 내용을 이미 잊은 것일 수도 있다. 결국 내게 감추는 게 아니라 단지 설명하지 못하는 것일 수도 있지만, 여하튼 엄마는 "그 사람 너무해. 절대 말 안 할 거야." 하고 여전히 화가 나 있다.

'알츠하이머병 환자는 무슨 일이 있었는지는 잊어도 그때의 감정만은 기억한다. 그러니까 어차피 까먹겠지 하는 태도로 치매 환자를 대해서는 안 된다.'는 말을 자주 들었다. 실제로 그때 엄마는 부부싸움의 상세한 내용은 잊었어도 분노의 감정은 계속 기억했다. 여기서 이 '감정이 남는다'는 것이 어떤 의미인지 상세하게 설명하고자 한다.

치매가 아닌 사람도 '감정만 남은' 상태를 경험할 때가 종종 있다. 예컨대 과음했을 때다.

술자리에서 취기가 돌았고 평상시라면 하지 않을 말을 해버린 경험이 있지 않을까(나는 아주 많다). 알코올의 작용으로 뇌의 사령탑인 전두엽이 제어되지 않아 감정이 흐르는 대로 말을 해버린다. 그리고 다음 날 아침, 술자리에서 나눴던 구체적인 대화 내용을 떠올리려고 해도 잘 생각나지 않는다. 알코올로 인해 해마가 제대로 기능하지 않아 상세한 기억이 정착되지 않았기 때문이다. 하지만 찜찜한 감정만은 뇌에 남아 있다. 그래서 '으악, 뭔가 헛소리를 한 게 분명해.' 하며 머리를 감싼다. 이것이 바로

'사건의 세부 사항은 잊어도 감정만 남아 있는' 상태다.

반드시 알코올 때문만은 아니다. 예컨대 애플사의 창업자인 고 스티브 잡스Steve Jobs는 부하가 가져온 아이디어를 들은 다음 날에 "내게 이렇게 재미있는 생각이 떠올랐어!" 하고, 마치 원래 자신의 아이디어인 것처럼 발표하는 일이 자주 있었던 모양이다. 이는 '언제' '어디서' '누가' 말했다는 상세한 내용보다, 자신에게 '놀라움'이라는 강렬한 감정을 준 아이디어의 핵심부가 중요했기 때문에 다음 날에 그 핵심부만 남았고 자신이 생각해낸 것처럼 느꼈던 것으로 보인다. 이상하게 보일지 모르지만, '누가 가르쳐줬는가' 하는 정보원이 제거되고 자신에게 중요한 의미를 가진 내용만 기억되는 일은 누구에게나 자주 일어난다.

용량이 제한적인 뇌는 되도록 불필요한 것은 배제하고 핵심부만 기억하면 충분하기 때문에 다소간 세부적인 기억을 지워버리는 경우가 있는 것이다.

뇌 속에는 언어적으로 기억을 정착시키는 '해마' 바로 옆에 '편도체'라는 감정의 중추가 자리한다(174쪽 (그림8) 참조).

뭔가 무서운 일이나 불쾌한 일이 일어나면 다음에는 그런 상황을 겪지 않도록 그때의 상황을 상세하게 기억해두는 것은 생존에서 상당히 중요하다.

마찬가지로 행복한 일이 일어났을 때도 그런 일이 또 일어나도록, 왜 지금 이 상황이 생겼는지 자세히 분석해서 기억해두는 것도 중요하다.

그렇기 때문에 좋은 감정이든 나쁜 감정이든 감정 시스템이 작동해서 '이것은 중요하다!'는 강렬한 감정의 신호가 해마에 전달되면 그 일은 아무것도 일어나지 않은 평범한 날보다 강하게 정착된다.

그리고 중요한 것은 어떤 일이 일어나면 감정 시스템이 한 발 먼저 반응한다는 점이다. 감정을 실마리로 모든 것을 분석하고 이해하려고 한다.

예컨대 어떤 대상을 만났을 때 그 대상에서 멀어질지 가까이 다가갈지를 감정 시스템이 결정한다. 길가에 뱀처럼 생긴 것이 있으면 그것이 뱀인지 그냥 긴 끈인지를 확실하게 구분하기 전에 먼저 공포의 반응, 즉 일단 펄쩍 뛰며 안전한 곳까지 도망가는 신체의 반응이 일어난다.

끈인지 뱀인지를 확실하게 알 때까지 안 움직이는 것보다 일단 움직인 후에 '뭐야, 뱀이 아니라 끈이었잖아.' 하고 확인하는 편이 안전하기 때문이다.

무슨 일이 일어났는지 확실히 모르는 상황에서 몸이 재빨리 반응한다. 이것이 감정이다. 이는 생명체의 생존에 있어서 중요한 시스템이기 때문에 대부분의 동물에 구비되어 있다.

그 뒤에 천천히 상황분석을 하는 대뇌피질은 진화적 관점에서 볼 때 극히 새로운 조직이다. 그것이 정말로 끈인지 뱀인지를 분석하는 데만 해도 시간이 걸린다. 뱀을 본 눈은 대뇌피질 속 시각담당 부위에서, 뱀의 소리는 청각담당 부위에서 처리된 후에 마지막으로 모든 감각정보가 하나로 통합되어 '이것은 뱀이다.'라는 인식이 성립된다. 그 처리가 끝나기를 기다렸다가는 뱀에게 물릴지도 모른다.

감정 시스템이 먼저 작동하면(예컨대 얼른 뒤로 물러난다는 신체적 반응), 대뇌피질은 그것이 초래한 결과까지 포함해 상황을 천천히 분석해서 다음에는 더 좋은 행동을 할 수 있도록 경험을 축적하고 수정한다.

결국 감정이 기본이며 대뇌피질은 수정하는 데에 지나지 않는다.

감정이 작동하면 해마가 자극되어 그 상황을 상세하게 기억하기 쉬워진다. 또한 감정이 기본이기 때문에 더더욱 알코올로 해마의 작용이 일시적으로 나빠졌을 때도 기억에 남는 것은 상세 내용보다 감정 자체의 기억이다.

'상세한 내용은 잊어도 감정은 남는다'는 것은 건강한 사람들에게도 흔히 일어나는 일이며 알츠하이머병 환자는 해마가 손상된 탓에 더 빈번하게 일어날 뿐이다.

엄마는 아버지와 다툰 후 그 내용은 잊고 '분노'라는 감정만 남았지만, 그렇다고 기억 속에 분노만을 쌓아가는 것은 아니다. 건강한 사람들의 부부싸움과 마찬가지로 그날 안에 완전히 기분을 바꾸고 아버지와 사이좋게 산책하러 나갔다.

알츠하이머병에 걸리면 새로운 사건의 상세한 내용은 뇌에 좀처럼 정착하지 않는다. 하지만 새로운 사건에 대한 감정적 반응은 할 수 있으며, 그 감정을 한동안 품고 있거나 그때의 기분을 기억해두는 일은 건강한 사람과 마찬가지고 가능하다는 의미가 된다.

감정을 관할하는 편도체가 손상되면 의사결정이 불가능하다

감정은 재빠른 신체적 반응이다.

알츠하이머병은 분명 새로운 것을 기억하기는 힘들지만, 새로운 것에 감정적인 반응은 할 수 있다.

뱀을 만난 사실은 이내 잊어도 '그곳'에서 뱀을 피해 도망가는 행동은 취할 수 있으며 왠지 무서웠다는 기분은 한동안 유지된다.

결국 감정이라는 기능은 남아 있는 것이다.

이러한 기능은 인간뿐만 아니라 동물도 갖고 있는, 소위 '하등'한 기능으로 보일 수도 있다. 하지만 사실은 이 감정이 인간의 윤리나 이성의 원천이다. 이에 대해 천천히 살펴보자.

먼저 사고나 질병으로 감정을 관할하는 편도체라는 시스템이 손상된 사람은 신체적 반응이 일어나기 힘들다. 뱀 등 생명을 위협하는 존재를 봐도 재빨리 물러서지 않으며, 손에 식은땀이 흐르지도 않는다. 그런 까닭에 다가가도 괜찮다고 생각해서 무심코 손을 뻗어버린다.

또한 뱀 같은 신체적인 위험뿐만 아니라 정신적인 위험, 예컨대 리스크가 높은 도박에서도 마찬가지여서 편도체가 손상되면 불안감을 느끼거나 섬뜩하다는 등의 신체적 반응이 일어나지 않는다. 그래서 도박에 손대는 것을 주저하지 않는다.

편도체에 이상이 생기면 신체적 반응이 일어나지 않기 때문에 '위험한 일은 하지 않는다'는 극히 당연한 이성적 판단을 하지 못한다.

또한 편도체에 근접한 대뇌피질의 안와전두피질(그림8)이

그림8 **편도체와 안와전두피질의 역할**

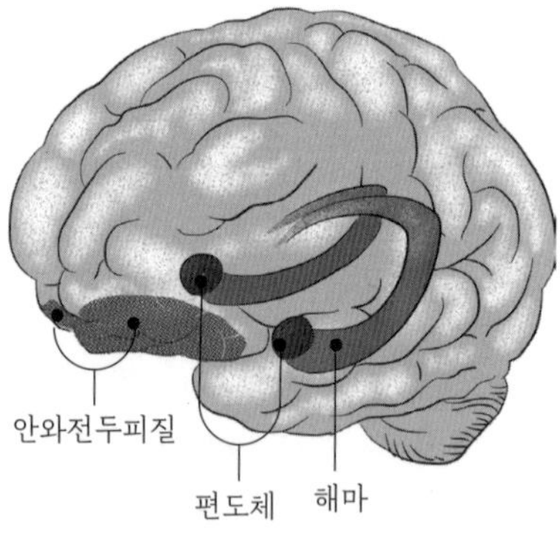

편도체는 대뇌변연계의 일부로 감정(166쪽 참조)을 관할하는 중추이다. 해마 옆에 위치한다. 편도체가 손상되면 신체적 반응이 일어나기 어려워지고 그 탓에 이성적인 판단을 못하게 된다.
편도체와 깊은 관계가 있는 것이 대뇌피질의 안와전두피질이다. 이곳이 손상된 경우도 신체적 반응이 힘들어져서 의사결정을 못하게 된다.

라는 부위가 손상된 환자도, 건강한 사람이 보면 무의식적으로 순간 식은땀을 흘리게 되는 거미나 살해현장 등이 담긴 그로테스크한 사진을 봐도 신체적인 반응이 일어나지 않는다. 그래서 역시 손대면 안 되는 것에 손을 뻗는다.

하지만 신기하게도 이러한 환자는 말로는 "이 사진은 그로테스크하네요." 하고 대답하는 때도 있다. 안와전두피질이 손상되기 전까지 축적해온 기억에는 문제가 일어나지 않아서 '이런 사진을 그로테스크하다고 한다'는 언어의 기억이 남아 있기 때문으로 보인다. 결국 올바른 감정적 반응을 보이는 듯하지만 이는 언어상에서의 반응이며, 신체는 정말로 그로테스크한 것을 봤을 때의 반응을 하지 않는다.

이런 사람들은 종종 자신을 돌봐주는 간호사 등에게 무례하고 외설스러운 농담을 하는 행동을 보인다. 간호사의 얼굴을 보고 무의식적으로 '이런 말을 하면 안 돼.'라고 '느끼지' 못하기 때문에 말이 입 밖으로 나와버린다.

그들은 다음 진료일을 결정하는 등 아주 단순한 의사결정도 하지 못한다. "이날은 어때요?" 하고 물으면 여러 가지 좋은 이유와 나쁜 이유를 열거하지만 결국 어느 날로 할지는 정하지 못한다. 그들은 지능 테스트를 받아보면 극히 정상으로 나오고 지각능력도 기억력도 언어능력도 운동능력도 문제가 없다. 즉 사물을 보고 들을 수 있고, 지금까지의 일을 기억하고, 말할 수 있고, 걸을 수 있다. 그래서 하루의 일상에 대해 이것저것 얘기할 수 있지만, '그러면 언제로 할까?' 하는 최종적인 결정을 하지 못한다.

결국 소위 말하는 지능이 정상이고 다양한 이유를 말할 수 있는 것과 무언가를 결정하는 능력은 별개인 것이다. 감정에 문제가 있으면 오늘 무엇을 해야 하는지, 지금 무엇을 해야 하는지 하는 우선순위를 정하지 못해 의사결정을 못하게 된다.

이러한 뇌손상 환자들의 예를 통해 감정이 인간에게 가치판단을 하게 한다는 사실이 명확해졌다.

감정이 이성을 만들어낸다

'무언가를 몸으로 느끼는' 것이 인간 윤리의 기본이라는 것은 다음 예를 통해서도 알 수 있다.

부모에게 학대를 받은 어린아이는 자신을 지키기 위해 '학대를 받는 자신'과 '진짜 자신'을 분리해서, 몸이 아무것도 느끼지 않게 하는 경우가 있다.

유튜브에는 부모에게 심한 성적학대를 받고 기관에 보호된 아이의 상담 영상이 올라와 있다(영어로 되어 있다. https://www.youtube.com/watch?v=g2-Re_Fl_L4). 부모와 격리되었고 양부모에

맡겨져 안전이 확보되었음에도 이 아이는 매일 밤 자신보다 어린 동생을 날붙이로 찌르려고 하는 등 심각한 폭력성을 드러냈다. "동생을 찔러 죽이기 위해 밤에 방에서 빠져나왔다."라고 말하는 아이의 얼굴에는 공포나 주저함의 반응은 없다. '찌른다'는 것에 대해 몸이 무언가를 '느끼지' 않기 때문에 그 행동을 할 수 있는 것이며, 그것이 왜 문제인지 이해하지 못한다.

몸으로 많은 것을 느껴서 감정을 발달시키는 과정은 이성이나 윤리의 발달에 무척 중요하다. 아이의 명예를 위해 확실하게 밝혀두지만, 아이는 이후 지속적인 상담을 했고 애정을 듬뿍 받아 훌륭한 여성으로 성장했다. 이처럼 감정도 윤리도 키워가는 것이다.

우리는 적절하게 공포를 느끼기 때문에 비로소 고통을 당하는 기회를 줄일 수 있다. 불안이나 말로 표현하기 힘든 미묘한 감정을 느끼기 때문에 자신을 스스로 제어하고 이성적으로 행동할 수 있다.

'감정적으로 되지 마라' '절대적으로 선한 것과 악한 것은 무엇인지 이성으로 분석할 때 비로소 적절한 행동을 할 수 있다'라고 주장한 시대는 길었고 나 자신도 그렇게 믿어왔지만, 최근 수십 년 동안의 뇌과학 연구에 의해 그것들이 반드시 옳지는 않다는 사실이 밝혀졌다. 현재 뇌과학 상식은 오히려 '감정이 없으면 이성적으로 행동할 수 없다'가 되었다.

사실 이성만으로는 무엇이 옳은지 그른지를 도저히 판단할 수 없는 일이 인생에는 수없이 많고, 그렇기 때문에 우리는 감정에 따라 행동할 필요가 있다.

〈소피의 선택〉을 가능하게 하는 것

〈소피의 선택Sophie's Choice〉(1982년)이라는 영화가 있다. 이 영화의 주인공 소피(메릴 스트립Meryl Streep 연기)가 어떤 선택을 하는 장면이 감정의 역할을 생각하게 하는 데에 무척이나 시사적이다.

나치 독일에 의해 강제수용소로 보내진 소피는 남자아이와 여자아이를 데리고 다른 수용자들과 함께 긴 줄에 서 있다. 소피는 눈에 띄는 미인이었고 장교가 그녀에게 다가간다.

"넌 미인이다. 너도 저 더러운 자들과 마찬가지로 공산주의자인가?"

만약 아니라고 말한다면 자신의 여자로 만들어 도와주겠다고 말한다. 그녀는 아니라고, 자신은 경건한 기독교인이며 아이들도 마찬가지라고 장교에게 호소한다. 그러자 장교는 그녀에게 악마 같은 거래를 제시한다.

"그렇다면 도와주지. 예수도 자신에게 아이들을 데려오지 말라고 했으니 네 두 아이 중 한 명을 골라. 한 명은 네가 함께 데리고 있어도 좋아. 기독교인이라고 하니까 특별히 선택권을 주는 거다."

만약 선택하지 않으면 두 아이 모두 죽게 된다. 하지만 부모가 자신의 아이 한 명을 선택하고 한 명은 죽이라는 얘기다. 소피는 선택할 수 없다고 계속 거부하지만, 장교는 정말로 동료를 불러 두 아이를 데려가게 한다. 결국 소피는 "여자아이를 데려가!" 하고 외친다.

여자아이는 곧바로 병사에게 끌려간다. 소피는 그렇게 해서 장교의 여자가 되어 전쟁에서 살아남는다. 하지만 자신이 아들을 지키는 '선택'을 했다는 사실을 잊지 못했고 결국 전쟁이 끝난 후 자살하게 된다.

소피는 어떻게 해야 했을까? 이 상황에서는 정답 따위 존재하지 않는다. '엄마가 한 쪽을 선택하다니 너무하다'고 할 수도 있으며, '둘 다 선택하지 않는 건 너무하다'고 할 수도 있다. 이성으로 정답을 결정할 수 없다. 소피가 아들을 선택한 이유는 아들을 더 사랑해서일 수도 있고, 딸보다 건강해서 살아남을 수 있다고 생각했는지도 모른다. 또는 본인도 이유를 모를 수도 있다. 어느 쪽이든 타인에게는 설명하기 힘든 '감정'이 있었기 때문에 비로소, 결과적으로 어떻든 간에 정답이 없는 상황에서 소피는 어떤 답을 냈던 것이다.

평범한 인생에서는 그렇게까지 극단적인 선택을 경험하지 않아도 될 것이다. 하지만 이성으로는 어떻게 해야 좋을지 결정할 수 없는 상황은 우리 인생에도 많다. 예컨대 어느 학교에 진

학해야 할지, 누구를 연인으로 선택할지. 실제로 선택해서 앞으로 나아가보지 않으면 그 선택이 정말로 옳았는지 알 수 없는 문제들뿐이다. 나름대로 여러 가지 조건을 비교할 수는 있지만 결국은 '감정'에 의존해 선택하는 수밖에 없다.

감정은 이성만으로는 도저히 대응할 수 없는 불확실한 상황에서 인간을 움직이게 하고 의사결정을 하게 만드는 시스템이다.

인지부조화

우리가 이성이라고 생각하는 것은 감정에서 만들어진다.

『이솝 우화』에 「여우와 신포도」라는 유명한 이야기가 있다.

여우가 높은 나무에 열린 포도를 보고 맛있겠다, 먹고 싶다고 생각한다. 그래서 점프를 해보기도 하고 나무에 오르려고도 해보는 등 생각할 수 있는 모든 수단을 시도한다. 하지만 아무리 해도 딸 수가 없다. 포기한 순간, 여우는 갑자기 이렇게 말한다.

"쳇! 저따위 포도. 분명 시기만 하고 맛도 없을 거야."

'분명히 맛있을 거야'라고 믿었기 때문에 갖은 노력을 했음에도 자신이 취할 수 없자 '분명히 맛없을 거야' 하고 정반대의 상황을 사실로 믿어버린다. 그 포도는 전혀 변한 것이 없는데도 말이다.

'맛있다'고 생각하면 '딸 수 없다'는 현실에 유리하지 않다. 맛있어 보이는데 딸 수 없으면 괴롭다. 그러한 불편한 마음을 뇌과학에서는 인지부조화라고 부른다. 뇌는 인지부조화를 해소하고자 포도를 '딸 필요도 없을 만큼 맛없는 것'으로 생각하게 된다.

우리 역시 여우와 마찬가지로 '맛있을 것 같다'에서 '맛없을 것 같다'로, 간단하게 자신의 신념을 바꾸는 경우가 흔히 있다.

예컨대 모든 면에서 멋있어 보이는 좋아하는 사람이, 자신을 돌아봐 주지 않으면 '뭐야, 저딴 자식!'하고 생각하는 경우가 그렇다. 사실은 그 사람이 나쁜 사람이 아니라, 자신이 차였다는 불편한 마음에서 '저 사람은 나쁜 사람'이라고 믿어버린 것인지도 모른다. 이때 우리는 자신의 신념을 정당화하기 위해 그 사람이 나쁜 사람이라는 이유를 적극적으로 찾기도 한다. 그러면 대체로 무언가는 나오기 마련이다.

결국 정당성은 정말로 존재하는 것이 아니라, 자신의 '이 상황이 싫다!'는 감정에 맞도록 그 자리에서 '만들어낸' 이유에 불과하다.

감정이 내린 판단을 신뢰할 수 있을까

감정은 이성보다 빠르게 반응하며, 이성의 바탕이 되고, 다양한 판단을 내리게 하며, 결국 정당성도 감정에 의해 만들어진다고 이야기했다.

하지만 정말로 그런 감정적 판단에 의존해도 되는지 의문을 품는 사람도 있을 것이다.

다음 연구결과는 감정적 판단이 신뢰할 수 있는 것임을 보여준다.

사람의 인상 형성에 관한 실험이다. 피험자에게 다양한 사람들의 얼굴을 보여주고 그 사람을 매력적이라고 생각하는지, 호감이 가는지를 판단하게 했다. 또한 좀 더 성격적인 요소, 즉 신뢰할 수 있는지, 능력이 있는 사람인지, 공격적인 사람인지 등에 대해 판단도 하게 했다. 그 결과 단 0.1초만 얼굴 사진을 보여주고 호감도나 성격 등을 판단하는 것과 원하는 시간만큼 사진을 본 후 전부를 판단하게 했을 때 거의 변화가 없는 것으로 나왔다.

결국 타인에 대한 인상은 감정 시스템에 의해 단 0.1초에 형성된다. 더 오랫동안 자세하게 봤을 때와 결과는 같았다.

다음과 같은 연구도 있었다.

예컨대 미국의 대통령 선거처럼 투표권자는 후보자가 지내온 그간의 업적을 보고, 주의주장을 충분하게 듣고, 후보자 간의 토론을 들은 후에 투표하게 된다. 하지만 그처럼 막대한 돈을 들여 홍보하는 후보자의 능력에 관한 정보로 대통령이 선택되는 것이 아니라는 사실이 밝혀졌다.

사실은 그러한 정보를 전혀 모르는 사람들에게 처음 후보자의 얼굴 사진을 보여주고 누가 대통령에 어울리는지 직감으로 선택하게 해도 실제의 선거전과 같은 결과가 나온다. 더구나 피험자는 어린아이들이었다.

스위스의 연구자 존 안토나키스John Antonakis 등이 5세부터 13세의 스위스 아이들에게 프랑스 의회선거 결과를 추측하게 했다. 아이들에게 배로 여행하는 컴퓨터 시뮬레이션 게임을 시킨 후 자신의 선장으로 누가 되기를 원하는지, 프랑스 의회선거 당선 제1위와 제2위의 인물 사진을 보여준 후 선택하게 한 것이다. 그 결과 대부분의 아이들이 실제 선거에서 1위였던 인물을 자신의 선장으로 선택했다.

성인들이 많은 정보를 듣고 이성적이고 신중하게 내린 판단이 아무것도 모르는 아이들 판단과 같았다는 결과다.

이러한 결과에 대해 인간의 이성은 겨우 그 정도라고 할 수 있다. 하지만 반대로 인간의 감정적 판단은 그 정도로 뛰어나다고도 할 수 있다.

감정적 판단은 지구에 생명체가 탄생한 이래 어떠한 상황에 어떤 반응을 해야 살아남는지에 대한 경험을 생명체 대대로 축적하고 진화해온 것이다. 우리가 생각하는 것보다 훨씬 중요한 역할을 해내고 있음은 분명하다.

의식하지 않아도 보고 있는 무의식

후두정피질에 손상을 입어 공간의 반쪽을 의식하지 못하는 편측공간실인이 발생한 환자의 이야기에서도 감정이 신뢰 가능하다는 사실을 알 수 있다.

편측공간실인 환자에게 (그림9)의 그림을 보여주면 아래쪽 집에 불이 났다는 사실을 깨닫지 못한다. 한 환자에게 "당신은

그림9 **맹시 - 감정 시스템**

후두정피질의 오른쪽이 손상되어 왼쪽을 인식하지 못하는 편측공간실인 환자는 아래쪽 그림의 화재를 깨닫지 못한다. 하지만 '위쪽 집과 아래쪽 집 가운데 어디에 살고 싶은지'를 묻는 말에는 위쪽 집을 선택하는 경우가 절대적으로 많았다. 환자에게는 똑같은 집으로 보이는데도 17회 중 14회를 불이 나지 않은 위쪽 집을 선택했다.

위쪽 집과 아래쪽 집 가운데 어디에 살고 싶습니까?" 하고 말로 물어보자 "둘 다 똑같은 집 아닙니까!" 하고 대답했다고 한다. 하지만 "그래도 둘 중 한 곳을 고르세요." 하고 선택을 강요하자, "완전히 똑같은 집인데……." 하면서도 17회 중 14회를 불이 나지 않은 위쪽 집을 선택했다.

이는 의식적으로는 보이지 않지만, 무의식은 보고 있는 '맹시盲視'(사물을 보지만 인지하지 못하는 상태.-옮긴이)라고 불리는 현상이다. 시각정보를 천천히 해석해서 최종적으로 무슨 일이 일어나는지를 후두정피질에서 정리하고 이해하는 대뇌피질의 회로가 제대로 기능하지 않아도 대뇌피질을 통하지 않는 감정 시스템을 사용해서 화재를 깨닫고 피할 수 있다.

생명체가 감정 시스템을 사용해 축적해온 '신체적인 기억'은 이러한 의미에서 신뢰해도 좋은 것이다.

알츠하이머성 치매 환자는 스스로 위루를 판단할 수 있을까

알츠하이머성 치매 환자의 감정과 관련된 문제로써 오이 겐의 『치매에 걸린 칸트에게 이성은 있을까』에 제기된 것이 이 부분이다.

예컨대 알츠하이머병 환자의 병세가 진행되어 스스로 음식을 섭취하지 못하게 됐을 때, 위루영양을 시행할지에 대한 판단을 타인이 해도 되는지에 관한 문제이다. 본인이 상황을 제대로 이해하지 못하고 그 판단력을 신뢰할 수 없다고 했을 때 타인이 대신 결정해도 될까? 또한 본인이 의사를 표명한 경우 그 의사를 어느 정도 신뢰해야 할까 하는 것이다.

알츠하이머병이 진행되면 삼키는 근력이 약해지면서 오연성 폐렴Aspiration pneumonia을 일으켜 사망할 가능성이 크다고 한다. 위루는 피부 위로 위에 구멍을 뚫고 그 구멍으로 영양제를 주입하는 방법이다. 위루를 하게 되면 오연성 폐렴이 줄어들 가능성이 있으며 확실하게 영양을 섭취할 수 있어서 수명 연장에 도움이 된다.

하지만 알츠하이머병의 경우 위루를 해도 체력을 회복해서 다시 자력으로 식사할 수 있게 되기는 힘들며, 환자의 삶의 질 Quality of Life 개선에는 효과가 없다는 보고도 있다. 단지 연명을 위한 위루에 심리적인 저항감을 느끼는 사람도 있을 것이다.

이처럼 위루는 좋은 점도 있고 나쁜 점도 있어서 정답이 없다. 타인이 결정하기 힘든 문제는 본인의 의사가 중요한데, 해마와 대뇌피질이 위축되어 이해력과 논리적 판단력이 저하된 알츠하이머병 환자의 뜻을 어떻게 생각해야 할까.

오이 겐은 알츠하이머병 환자의 소위 본능적인 '좋고 싫음'의 판단은 신뢰할 가치가 있다며 증거를 제시한다.

'필요한 상황이 되면 위루 시술을 받겠는가?' 하는 물음에 대해 치매가 아닌 고령자의 판단과 치매 고령자의 판단에는 차이가 없었으며, 두 그룹 모두 약 80퍼센트가 싫다고 대답했다. 상황에 대한 이해력이 떨어졌어도 치매 환자는 위루에 대해 건강한 사람과 같은 판단을 할 수 있었다.

더욱이 오이 겐은, 치매를 앓는 고령자는 상황에 대해 일관적인 의견을 갖기 힘들고 그때그때 판단이 달라지기는 해도 자신의 몸에 관한 판단은 비교적 일관성을 유지한다는 사실을 보여줬다.

위루에 대해 처음에 '싫다'고 부정적으로 대답했던 치매 환자 14명에게 3개월에서 6개월의 간격을 두고 다시 한 번 같은 질문을 하자, 언어소통 자체가 불가능해진 4명을 제외하면 대다수인 8명은 여전히 '싫다'고 판단했으며 2명은 모르겠다고 대답했다. 즉, 대체적인 경향으로 보면 자기 몸에 일어나는 일에 관한 판단은 치매 환자도 몇 달 동안 일관성을 보이는 것이다.

아무리 이해력이 저하돼도 그들의 감정적인 판단은 존중해야 할 것이다.

알츠하이머병 환자라도 감정적 반응은 건강한 사람과 마찬가지며, 이는 역시 생명체로서 진화하는 동안에 기나긴 시간을 들여 획득해온 생존을 위한 '올바른' 판단이고 쉽게 사라지지 않는다.

벌의 정답률 80퍼센트가 의미하는 것

확실히 감정과 본능은 동물이나 어린아이도 갖고 있어서 싫다거나 좋다는 단순한 반응에 지나지 않는다는 느낌이 있다.

하지만 본능이 생존에 관련된 반응이라고 해서 개성이 없는 것은 아니다.

사실은 본능이야말로 감정이야말로 개성이 있다.

무엇을 좋아하는지, 무엇을 싫어하는지, 무엇에 어떻게 반응하는지는 태어난 순간부터 개인에 따라 다르다.

자신이 무엇을 중요하게 생각하고 그렇지 않은지도 태어나면서부터 갖고 있는 개성이며 또한 개성은 각자의 인생 경험에 의해 더욱더 다르게 키워진다.

다음의 벌 실험 결과가 이 부분을 시사해준다. 실험은 상자 속 미로에 벌을 넣고 어느 쪽 길을 돌면 먹이가 나오는지 학습하도록 여러 차례 시행시킨다. 그런데 벌은 어느 쪽에 먹이가 있는지 알게 된 후에도(즉 학습이 완료된 후에도) 여전히 100번 중 20번은 다른 방향으로 가본다고 한다.

결국 정답률은 80퍼센트. 이 결과는 50퍼센트(맞을지 틀릴지)를 넘는 성적이라서 어느 쪽에 먹이가 있는지를 벌이 올바르게 이해했다는 의미인데, 알고 있으면서도 벌은 다섯 번에 한 번은 틀리는 것이다.

왜일까?

자연환경에서는 어떤 장소에 먹이가 있었다고 해도 다시 그 곳에 갔을 때 반드시 먹이가 있다고는 할 수 없다. 예컨대 바람이 불어서 먹이가 있던 곳이 황폐해졌을 수도 있다. 정답이라고 해서 늘 같은 곳으로 가다 보면 언제 먹이를 못 먹어서 죽게 될지 모른다. 그래서 틀릴 가능성을 남겨두는 것으로 보고 있다.

정답에서 벗어나는 것이 생명체로서 살아남기 위해 중요하다는 사실은 흥미롭다.

본능으로 행동한다고 해서 같은 상황에 놓이면 늘 같은 행동을 하는 것은 아니며, 모든 사람이 똑같은 행동을 하는 것도 아니다. 누군가는 다른 사람과 다른 행동을 하기에 비로소 위기에 처했을 때도 종이 전멸하는 것을 피할 수 있다.

감정도
지성이다

'지성'에 관한 지금까지의 사고방식은 조금 협소했는지도 모른다.

우리는 지금까지 국어, 산수, 물리, 사회, 영어 같은 필기시험의 결과를 보고 머리가 좋다고 여겨왔다. 결국 상황을 연결해서 이해하거나 상황 속에서 무언가의 법칙성을 찾아내고, 또는 그것을 정확하게 기억하는 등 후두정피질을 중심으로 한 대뇌피질의 네트워크 기능을 '지성'이라고 불러왔다.

하지만 미국의 발달심리학자 하워드 가드너Howard Gardner는 1983년에 이미 '다중지능이론'을 제창했다. 그는 우리가 현재 '지성'으로 인정하는 언어적 지성, 논리수학적 지성 외에도 지성이라고 부를 수 있는 것이 적어도 여섯 가지가 있다고 주장했다. 그것은 음악적 지성, 신체운동적 지성, 공간적 지성, 대인적 지성, 내성적 지성, 박학적 지성이다.

음악을 좋아하고 음악적 지성이 있으면 음악가로 활동할 수 있고, 신체운동적 지성이 있으면 댄서나 스포츠선수로 활약할 수 있다. 공간적 지성이 있으면 조종사나 화가로서 활약할 수 있고, 대인적 지성이 있으면 영업 업무에 종사하거나 교사, 정치가로 활약할 수 있다. 내성적 지성이 있으면 자신의 내면을 상세하게 분석할 수 있는 만큼, 타인의 내면 분석에도 뛰어나서 카운슬러나 종교가로 활약할 수 있다. 박학적 지성은 자연계의 동물, 식물, 광물 등의 종류를 분류하는 일에 뛰어나며 자연 속에서 곤충을 쫓아다니는 일을 좋아하는 사람이라면 생물학자나 환경보호 운동가로 활약할 수 있다.

가드너는 결국 세계에서 인간이 활약할 수단은 다양하며 '지성'은 IQ(Intelligence Quotient, 지능지수)나 편차치 같은 지표로 결정되는 것이 아니라고 주장했다.

그리고 중요한 것은 다중지능이론에서 대인적 지성(타인의 감정을 잘 이해해서 타인과 협력해서 일을 진행시키는 능력)이라는 '감정'에 관련된 것이 하나의 지성으로 인정된다는 점이다. 가드너 이후 IQ에 대해 EQ(Emotional Intelligence Quotient, 즉 감정적 지능지수)라는 용어가 만들어지는 등 감정을 지성으로 인정하는 움직임이 나타났다.

2010년에는 감정이 인생의 '성공'으로 이어지는 뛰어난 '능력'임을 다음과 같은 형태로 보여줬다. 인간 여러 명이 모여서 집단으로 일할 때 멤버 한 사람 한 사람의 어떤 요인이 성과를 높이는지, 집단의 성적을 좋게 하기 위해서는 무엇이 필요한지를 조사했다.

집단으로 훌륭하게 일을 하기 위해서는 집단 내에 IQ가 아주 뛰어나게 높은 사람이 필요한 것도, 집단의 평균 IQ가 높아야 하는 것도 아니었다. 중요한 것은 서로의 감정에 얼마나 민감하고, 서로를 배려할 수 있는지 하는 것이었다. 예컨대 여성은 남성보다 공감능력이 높다고 알려져 있다. 집단 내에 여성이 많을수록 집단의 성적이 높게 나타났다. 민감한 감정은 집단을 성공으로 이끄는 아주 중요한 능력이었다.

이처럼 자신의 감정을 잘 알거나 타인의 감정을 잘 이해하면 감정을 조절할 수 있다는 의미에서 현재는 감정을 지성으로 인정하고 있다. 앞으로는 점점 더 넓은 의미에서 감정이 지성으로 인정될 것이다.

그 이유는 바둑 세계 챔피언을 위협하는 인공지능의 등장으로 명확해졌듯이, 논리적 사고 등 과거 '지성'이라고 정의했던 부분에서는 인간보다 인공지능이 앞서게 됐기 때문이다. 이렇게 되면 인간이 더 뛰어난 점은 무엇인지 다시 생각해야 한다.

현재까지는 인공지능이 획득할 수 없는 것을 '감정'으로 보고 있다. 그리고 실제로 감정의 역할을 다시 생각하는 움직임이 일어나고 있다.

그리고 또 다른 움직임으로는 세계적인 고령화 사회의 진행이다. 2장에서 언급했듯이, 알츠하이머병의 첫 번째 위험인자는 고령이다. 연령이 높아질수록 알츠하이머병에 걸릴 확률은 높아진다. 즉, 고령화 사회가 진행되면 당연히 인구 중 알츠하이머병 환자의 비율이 높아진다. 이는 누구도 알츠하이머병과 무관할 수 없다는 의미다.

2017년 TED회의(Technology Entertainment Design. '세상에 퍼뜨릴 만한 아이디어'를 알린다는 목적으로 시작된 세계적 강연회)에서 리사 제노바Lisa Genova(1970년생. 미국의 뇌과학자이자 작가. 대표 저서로는 조발성 알츠하이머병에 걸린 여성의 이야기를 담은 소설 『스틸 앨리스*Still Alice*』가 있다.-옮긴이)가 말했던 것처럼, 만약 우리가 85세까지 살아남는다면 같은 나이의 사람들 중 2명에 1명은 알츠하이머병이고, 다른 한 명은 알츠하이머병의 간병인이다.

알츠하이머병은 '감정'이 남는다. 이 의미를 긍정적으로 받아들일 필요가 있다.

감정은
대처능력이다

치매 환자에게도 남아 있는 '감정'이 생각보다 훨씬 중요한 역할을 하고 있음을 살펴보았다.

나는 뇌과학자로서 계속 감정을 연구해왔다. 그러면서 이런 생각을 했다.

감정에 대해서 다 안다고 생각하지만 사실은 아니지 않을까?

감정은 희로애락뿐이고 동물과 마찬가지며, 어른이 되면 더 이상 발달하지 않는다는 생각은 잘못된 것일지도 모른다. 오히려 나이가 들수록 대뇌피질이 발달해서 세세하게 구분할 수 있게 되고 동시에 느낄 수 있는 감정도 다양해지고 섬세해지는 것이 아닐까?

몇 살이 되더라도 '이런 경험은 처음'이라는 새로운 감정을 발견하지 않을까?

그리고 거기에는 생명으로서 소중한 의미가 있지 않을까?

예컨대 누군가와 함께 있을 때는 그 사람과 함께 있을 때 외에는 느낄 수 없는 감정이 있다. A와 있을 때와 B와 있을 때는 전혀 다른 감정이 솟아나며, 그것을 말로 표현하려고 해도 표현하기 힘들다. 단순하게 희로애락만으로 나눌 수 없다. 만나는 사람의 숫자만큼 다양한 감정이 있으며, 새롭게 C를 만났을 때는 다시 인생에서 한 번도 경험한 적 없는 감정을 느낄 것이다.

체험도 마찬가지다. 우리는 같은 일을 반복하는 것처럼 보여도 사실은 하나하나 다르다. 같은 '즐거운 여름휴가'일지라도 2016년의 여름휴가와 2017년의 여름휴가는 사실 다른 감정적 '즐거움'을 느꼈을 터다.

그렇게 생각하면 알츠하이머병을 앓고 있는 엄마도 지금까지와는 다른 경험을 바로 지금 하고 있고, 인생에서 중요한 시기를 보내고 있다고 할 수 있지 않을까?

이처럼 마지막까지 이어지는 감정의 풍부함이야말로 우리가 살아가는 데에 결정적인 역할을 하는 것인지도 모른다.

실제로 감정의 풍부함이 우리 인생에 도움이 된다는 증거가 있다.

예컨대 다채로운 감정을 느끼는 사람일수록 빨리 좌절을 극복한다고 한다.

파트너가 에이즈에 걸려서 더는 가망이 없는 상황에 놓인 사람들의 감정을 연구한 사례가 있다. 이처럼 절망적인 상황에 놓인 사람들은 정말로 절망에 빠져 있기만 하는지, 이 상황을 어떻게 극복하는지를 조사한 연구다.

이 연구에 따르면 파트너의 임종까지 간병한 사람들의 99% 이상은 그렇게 절망적인 상황에서도 밝은 감정을 가질 수 있었다.

예컨대 '이렇게 된 데에는 분명 어떤 의미가 있을 것'이라고 상황을 분석해서 좋은 면을 찾아내고 '긍정적인 감정'을 얻는 사람도 있었다. 또한 '침대 시트를 갈아줬더니 무척 기분 좋아 보여서 기뻤다.'며 병세가 좋아지지 않아도 자신이 할 수 있는 일을 찾아내서 '기쁨'을 만들어내는 사람도 있었다. 또한 '병원에서 집으로 가려고 문을 연 순간 석양이 아름다웠다.' '친구가 기분 전환을 시켜줬다.'며 어두운 감정에 빠져 있을 때 뜻하지 않게 날아온 한순간의 햇살과 타인의 도움에 '감동'한 사람도 있었다.

괴로운 상황이라고 해서 괴로운 감정만 생기는 것은 아니다.

그리고 가장 중요한 것은 이 절망적인 상황에서 더욱 다양한 감정을 가질 수 있는 사람일수록 파트너가 사망한 후에도 그 절망에서 빨리 일어설 수 있었다는 점이다.

절망적인 상황에서 느낀 소소하게 밝은 감정이 이후 자신을 지탱해주는 힘으로 성장한다. 하나의 일에 얼마만큼의 다양한 감정을 느낄 수 있는지는 이 세상을 살아가는 하나의 지성이다.

한 가지 일에
여러 가지 감정을 느껴도 좋다

어느 날, 엄마 친구분이 엄마를 음악회에 초대해주셨다. 집에 돌아온 엄마에게 감상을 묻자, "전혀 못하던데." 하고 대답했다. 그런데 두 시간이 지나고 저녁식사를 하는 중에 다시 음악회 이야기가 나오자 "엄청 잘했어." 하고 정반대의 이야기를 했다.

엄마에게 이야기의 정합성이나 논리를 기대하기는 불가능해졌다고 생각했다.

하지만 점점 생각이 바뀌었다.

음악회 감상이라고는 하지만 음악회는 한 시간 반 정도 이어졌으니 그동안에 연주를 잘했던 시간대도 못했던 시간대도 있었을 터다. 어디에 주목하는지에 따라 감상은 바뀔 것이며 자신의 기분에 따라서도 느낌이 바뀔 것이다.

사람에게는 수많은 감정이 있다. 질병으로 뇌가 취약해진 사람은 그런 경향을 더 자주 보인다. 나는 엄마를 통해 그런 사실을 배웠다.

이렇게 물으면 이렇게 대답하지만, 저렇게 물으면 저렇게 대답하기도 했다. 하나의 사건에 대해 한 가지 생각만 가져야 한다, 논리적이어야 한다는 말들로 살아 있는 사람을 얽매면 안 되겠다고, 엄마를 보고 생각했다.

우리는 슬픈 일이 있으면 슬퍼만 해야지 다른 감정을 느끼는 건 진실하지 않다는 식으로 감정을 발휘하는 힘을 억눌러왔다. 사실은 하나의 상황에 한 가지 감정만 갖는 것이 아니라 다양한 감정이 솟아나는 법이며 오히려 그쪽이 바람직하다.

나 역시 엄마의 영역을 두고 여전히 신경전을 벌이고 있고, 매일 엄마의 상태를 불안해하며 때로는 짜증을 낸다. 하지만 분명히 행복한 순간도 있다.

예컨대 내가 귀갓길에 저녁거리를 사러 가서 짐을 잔뜩 들고 들어오면 엄마는 이렇게 말한다.

"아야코, 뭘 그렇게 많이 샀니. 네 돈은 잘 저축해둬야 해. 엄마랑 아빠한테 꼭 청구하렴."

난 이미 서른이 넘은 데다가 부모님께 얹혀사는 데도 엄마는 아직 나를 돌봐주려고 한다.

또한 내가 일하러 나갈 때면 "잘 다녀와." 하고 현관에서 배웅해주는데, 내가 "갔다 올게." 하고 현관문을 닫은 뒤에도 바로 문을 잠그지 않고 내가 완전히 문밖으로 나갈 때까지 충분한 시간이 흐른 뒤에 잠금장치를 잠그는 '딸깍' 소리가 들린다. 얼른 문을 잠가버리지 않는 따뜻함이 느껴진다.

주방에서 벌어지는 역할 다툼도 빨래가 사라지는 것도 정말 난처하지만, 이는 엄마가 스스로 할 일을 하고자 나의 엄마로 있고자 자존심을 지키고 있다는 증거이기도 하다. 그렇게 생각하면 기뻐진다.

그리고 맛있는 음식을 먹으면 "아야코도 먹었니?" 하고 물어주는 일. 혼자 독점하려고 하지 않고 다른 사람과 나누려는 모습. 엄마는 여전히 주변 사람들에게 큰 애정을 품고 있다.

엄마와 함께 있어서 싫은 일도 있지만 기쁜 일, 배울 일도 많다.

치매를 응시하며 살아간다는 체험은 처음에 상상했던 것처럼 무섭기만 한 일은 전혀 아니었다. 그리고 이처럼 이해력이 저하돼도 여전히 남아 있는 것이 엄마가 인생에서 중요하게 여겨온 것이 아닐까, 하며 나는 엄마를 새롭게 알아가고 있다.

치매라고 한마디로 치부해버리고 하지 못하는 것만 생각하면서 그런 사실을 깨닫지 못하는 것이 가장 좋지 못한 대응이다. 그 사람 개인이 처한 하나하나의 상황을 보는 것이 무엇보다 중요하다.

풍부한 감정이 대뇌피질을 자극한다

엄마는 이전보다 소파에 앉아 있기만 하는 일은 줄었지만, 아직도 자진해서 외출하려는 일은 거의 없다.

어린아이는 엄마나 엄마를 대신해 자신을 지켜줄 든든한 존재가 없으면 새로운 환경을 탐색할 수 없다는 사실이 연구결과 밝혀졌다. 아이는 새로운 장난감이 눈앞에 있어도 엄마(또는 엄마를 대신해 자신을 지켜줄 존재)가 그곳에 없으면 새로운 물건에 흥미를 갖지 못하고 오로지 울부짖으며 엄마만 찾게 된다. 엄마가 옆에 있어서 '실패해도 저곳으로 돌아가면 안아주고 지켜준다'는 심리적인 안전이 확보되면 그제야 아이는 '저것에 도전해봐야지!' 하며 자신의 에너지를 새로운 바깥세상으로 향하게 한다. 안전감이 부족하면 안전을 얻기 위해 에너지를 사용해버리고 만다.

이 부분은 성인도 마찬가지다. 성인의 경우는 반드시 '엄마'일 필요는 없지만, 열린 마음으로 실패해도 다시 일어서서 끊임없이 바깥세상을 모험하려면 마음의 안전이 필요하다. 그래서 엄마가 스스로 '하고 싶다'고 움직이기 위해서는 지켜봐 주는 사람이 필요할 것이다.

또한 어린아이의 경우 새로운 것에 대한 도전은 감정과 이성의 발달에 무척 중요하다는 사실을 보여준다.

새로운 것을 만날 때 감정이 가장 활발하게 활동한다. 일단 새로운 상황에 놓이면 대처법을 생각해야 한다. 또한 자신이 행한 대처로 사태가 어떻게 변했는지 결과에 대한 반성도 요구된다. 결국 새로운 것과 만나는 일은 그 상황에서 감정을 움직이게 하는 것뿐만 아니라 '어떻게 하면 더 좋았을까?' 하고 대뇌피질에 상세한 분석과 반성을 촉구하기도 한다.

또한 지금까지 경험한 적 없는 상황을 만나면 말로는 표현할 수 없는 수많은 감정을 느끼게 된다. 그 상황에서는 '이건 뭐지?' 하고 압도당하기만 하지만, 그렇기 때문에 '뭐였을까?' 하고 오랫동안 그 경험을 반추해서 어떻게든 이해하려고 한다. 새로운 것과 만남으로 대뇌피질은 자신이 경험한 것을 설명하려고 필사적이 된다.

감정을 자극하는 것은 결국 감정 시스템과 대뇌피질 양쪽을 발달시키는 것이다.

뇌에 자극을 주는 것이 중요하다는 말을 흔히 하는데, 그 '자극'은 단순히 눈이 따가울 만큼 강렬한 자극을 주거나 맹렬한 분노 같은 격한 감정을 자극하는 것이 아니다.

안전성을 확보한 상태에서 새롭고 낯선 것을 경험하는 것이 가장 좋은 '자극법'이며, 이는 결국 새로운 감정을 경험하게 하고 그 상황을 설명하기 위해 대뇌피질도 성장하게 된다.

이 점에서는 어린아이뿐만 아니라 알츠하이머병 환자도 마찬가지 아닐까?

주변에서 따뜻하게 지켜봐 주며 알츠하이머병 환자가 새로운 것에 도전할 수 있게 한다. 그 사람이 전혀 몰랐던 일, 지금까지 해본 적이 없는 일을 안전하게 체험하게 한다. 지금까지 본 적이 없는 것을 보고, 느껴보지 못한 감정을 느끼면 아직 남아 있는 대뇌피질이 필사적으로 그것을 분석하려고 할 것이다. 아직 검증은 되지 않았지만, 그런 과정에서 병의 진행이 완화될 가능성은 충분하다고 생각한다.

감정이 만드는
'그 사람다움'

알츠하이머병은 어렸을 때부터 학습해온 이해력, 판단력, 기억력 등의 능력을 손상시킨다. 그런 능력은 성장과정에서 경험과 함께 발달하며 그 사람에게 평생의 직업을 갖게 해주고, 적극적으로 타인에게 도움을 줄 수 있도록 해왔다.

엄마는 젊었을 때는 앉아 있는 시간이 없을 정도로 '누군가를 위해' 끊임없이 움직였다. 하지만 알츠하이머성 치매에 걸린 후 '누군가를 위해'라는 생각은 하지만, 무엇을 하려고 했는지 생각나지 않게 되었고, 스스로 계획을 세울 수도 없게 되면서 그러한 '엄마다움'을 보기 힘들어졌다.

처음에는 나도 엄마가 '엄마가 아닌 사람이 됐다'고 우울해 했지만, 지금은 조금 다른 기분이다.

효율적인 일처리, 논리적인 사고, 타인을 위한 행동 등의 능력만이 엄마다움을 만들어왔던 것은 아니다. '타인을 위해 무언가를 하고 싶다'는 감정은 지금도 변함없이 남아 있다는 점에 주목해야 한다.

알츠하이머병 환자에게는 감정이 남아 있다. 그들에게 정보를 올바르게 전해주면 이전과 같은 감정적 반응을 한다. 그럴 때 나는 확실하게 '엄마는 이곳에 있다'고 느낀다.

엄마는 여전히 우리에게 깊은 애정을 갖고 있다. 인지능력이 만드는 '그 사람다움' 외에 감정이 만드는 '그 사람다움'이 있는 것이다.

감정은 타고난 개성이며 또한 인지능력과 마찬가지로 그 사람의 인생 경험에 의해 발달해온 능력이고 지금도 발전 중인 능력이다.

알츠하이머병 환자들은 몸을 통해 새로운 것을 배워갈 수 있다. 그 경험을 의식적으로 떠올릴 수는 없지만 몸에는 쌓인다. 또한 그들은 치매에 걸리면서 '인생에서 처음 맛보는 슬픔'을 느끼고 있다. 우리 가족은 그러한 슬픔과 함께 예전에는 느껴보지 못한 가족의 결속력을 느꼈다. 엄마도 '처음 느낀 기쁨'이 있을 것이다. 예컨대 아버지와 함께 산책할 수 있다는 것. '처음인 경험'은 마지막까지 이어진다.

엄마는 많은 것을 할 수 없게 되었지만 살아 있는 존재에 더없이 중요한 '감정' 시스템을 사용해서 어떻게 살아가는지, 나는 그 모습을 지켜봐 주겠다고 생각한다. 결국 엄마는 평생 엄마다.

엄마와 여름의 꼭짓점에서 축제에 가다

도호쿠 지역에서는 8월이면 돌아가신 분들의 영혼을 만나는 축제나 본오도리(음력 7월 15일 밤에 사람들이 모여서 추는 윤무로, 혼령을 맞이하여 위로하는 행사.-옮긴이)가 아주 많다고 들었다. 죽은 후에도 만나는 방법이 있다니 궁금했다. 그리고 마침 관람석 신청 시기가 딱 맞아서 가족과 함께 아키타의 간토축제(매년 8월 초에 아키타현에서 열리는 대규모 축제. 46개의 제등을 대나무에 매단 '간토'를 손이나 어깨, 이마, 허리에 올리는 연기가 펼쳐진다.-옮긴이)에 다녀왔다.

그 여행기로 이 글을 맺고자 한다.

교통 통제가 된 아키타의 대로에 간토가 입장했다. 기다란 대나무에 많은 제등을 달아놓은 것을 간토라고 하는데, 수많은 양초가 켜진 간토를 옆으로 기울여서 마치 신비하게 반짝이는 배 같았다.

한 대열마다 작은 어린아이들이 선두에서 걷고, 악기를 든 여성들이 그 뒤를 잇고, 다시 성인 남성들이 거대한 간토를 끌고 나왔다.

수많은 대열이 뒤를 이었으며 멀리까지 갔다가 돌아와서 중앙분리대를 사이에 두고 빛의 강을 만들었다.

어딘가 멀리서 '삐-익' 하는 호각소리가 울렸고 대열들은 멈춰 섰다. 특별히 응원하는 대열이 있는 게 아닌 이상, 관객은 우연히 자신의 눈앞에 멈춘 대열의 기술을 보게 된다.

옆으로 누워 있던 간토가 수직으로 일어섰고, 스르륵 스르륵하며 드높게 솟아 옆에 선 빌딩숲 옥상까지 닿으려 한다. 기다란 대나무 장대에 수많은 제등을 늘어뜨린 간토는 거대한 벼 이삭의 모습으로 변했고, 크게 흔들거렸다. 간토 아래쪽을 보니 남자 한 명이 한 손으로 지탱하고 있었다.

거대한 벼 이삭을 천천히 흔들며, 한 손으로 머리 높이까지 들어 올리더니 순식간에 이마에 올렸고, 손을 뗐다는 걸 보여주듯 양팔을 위로 뻗는다. 남성은 허리를 낮춰 균형을 잡고는 간토의 움직임에 맞춰 게걸음으로 사사삭 사사삭 이동했다.

그다음 순간, 옆에 대기하던 남성이 재빨리 간토를 받아들고는 다시 흔들흔들 흔들며 작은 손을 하늘로 뻗더니 이번에는 간토를 자신의 등 뒤로 돌렸다. 허리를 비틀 듯 몸을 굽히고 휘청거리는 간토를 허리 한 곳에 올렸다. 몸의 관절이라는 관절은 전부 굽히고 엉덩이를 내밀며 오케이 포즈를 취하더니 흔들리는 간토에 맞춰 엉덩이를 실룩이며 뒷걸음질 쳤다.

그러자 다시 다른 남성이 받아들고는 머리에서 어깨로 올린다. 일 분 단위로 사람들이 빙글빙글 바뀐다. 한편 거대한 간토는 하늘에서 느긋하게 흔들린다. 그 아래의 사람들은 게의 모습이다.

생명의 스케일이 눈에 보이는 듯했다. 영원히 변하지 않는 존재가 작은 인간들 위에서 커다란 몸짓으로 춤추고 있다. 우리 인간은 순간의 불꽃처럼 힘이 다하고 바뀌어간다.

허리 한 점으로 50킬로그램은 되는 간토를 받치고 있는 남성은 선망의 대상이다. 밤의 어둠 속에서 얼굴도 자세히 보이지 않는데, 보고 있으면 심장이 뛴다. 엉덩이를 불쑥 내민 우스꽝스러운 남자가 왜 멋지게 느껴지는지 정말이지 수수께끼다. 낭창낭창한 거대한 간토에 비해 이 우스꽝스러운 남자는 생명의 필사적인 저항인 듯 '비록 죽는다고 해도, 나는 나다!' 하고 외치는 것 같다. 얼굴이 보이지 않아서 생명의 불꽃이 더 빛나 보이는지도 모른다.

동작은 점점 격렬해졌고 간토가 몇 번이나 쓰러졌지만 다시 일으켜서 머리에, 어깨에, 허리에 올리고 흔들흔들 흔들흔들 빙글빙글 빙글빙글 춤을 춘다. 하지만 작은 인간들은 지쳤는지, 간토는 불꽃을 단 채로 자꾸 관객석으로 쓰러지려고 한다. 그럼에도 포기하지 않는다. 영차, 영차 하는 관객의 응원소리에도 힘이 들어갔고 나도 숨이 차오른다. 그들은 한층 더 격렬하게 간토를 들어 올린다. 아직도, 아직도, 아직도. '삐-익' 하고 호각소리가 울리고, 마침내 간토는 아래로 내려졌다.

축제 직전에 민속전통예능관에서 간토가 어떤 것인지 직접 들어봤다. "민속전통예능관에 먼저 들르길 잘했네. 거기서 간토를 직접 들어봤으니까 힘든 걸 알았고, 그들이 얼마나 대단한지도 몇 배나 느껴졌다."는 아버지.

안내하는 남성은 이렇게 말했다.

"먼저 이렇게 간토를 오른손 손바닥 위에 올립니다. 왼손으로 축을 잡아주세요. 시선은 가장 위에 있는 제등 두 개에 맞춰주세요. 자신이 제등을 움직이려고 하면 안 됩니다. 무겁지만 균형이 확실하게 잡히면 가벼워집니다. 만약 간토가 쓰러지면 자신이 제어하려고 하지 말고 간토를 따라가듯 움직이세요. 간토에 맞추는 것입니다. 균형이 잡혔다고 느껴지면 왼손을 떼면 됩니다."

"안 돼요, 못해요."

"괜찮습니다, 뗄 수 있어요."

물론 관광객들이 체험하는 것은 겨우 5킬로그램의 어린이용 간토다. 관광객들이 차례차례 도전에 성공해가는 모습을 보고 있었지만, 나는 끝까지 왼손을 떼지 못했다. 아무리 해도 균형이 잡히지 않았다.

"도저히 손을 뗄 수 없었어! 다른 사람은 어떻게 가능한 거야?"

이것이 흥분한 나의 감상이었다.

"그래, 정말로 미리 해보길 잘했어."

"드는 게 얼마나 힘든지 알았어."

"재밌었지? 아슬아슬했어."

부모님은 나와 마찬가지로 간토를 직접 들어본 것처럼 말씀하셨지만, 사실 체험한 사람은 나뿐이었다. 축제가 끝난 후, 아키타에서 이나니와 우동을 먹으며 그런 얘기를 하다가 문득 이런 생각이 들었다. 어쩌면 내 인생에서 내가 체험한 것을 가장 자신의 것으로 느껴주는 사람이 이 두 분이 아닐까.

내 체험은 엄마의 체험이 되는 것이다.

이내 주문 마감시간이 된다. 영업은 오후 10시까지였고, 옆에 앉았던 사람들은 이미 자리를 떠났다.

"옆자리에 있던 사람, 엄마가 유치원 다닐 때 미술 선생님 아들이었어."

"응? 여긴 아키타야. 확실해?"

"응, 확실해."

"엄만 어른이 된 후에 그 사람을 본 적이 있어?"

"중학교 때까지는 같이 다녔어."

"그래……."

아마도 엄마가 생각하는 사람이 아닐 것이다. 옆에서 들린

이야기로는 아키타 현지인들 같았다. 엄마가 그림을 배우러 아키타에 왔을 리는 없다. 절대 그 사람이 아니라고는 할 수 없지만. 여하튼 닮기는 했었을 터다.

아키타에서 엄마는 몇 번이나 기시감을 경험했다.

"저 사람, 어제도 만났어."

"예전에도 이곳에서 라멘 먹었는데."

일반적으로 경험이라고 하면 '언제' '누구와' '어디서' '무엇을 했다'라는 인생에서 한 번뿐인 사건으로 기억되지만, 전혀 다른 울퉁불퉁한 돌멩이 하나가 강 속을 데굴데굴 굴러가는 동안에 둥글고 반짝반짝하고 비슷비슷한 작은 돌멩이가 되는 것처럼, 엄마의 인생에서 다양한 경험이 굴러가다가 '언제' '누구와' '어디서' '무엇을 했다'는 특정 정보를 떠올리지 못하고 왠지 비슷한 일이 전에도 있었는데 하는 익숙함만을 불러일으키는 형태로 변한 것인지도 모른다.

그런 말 속에는 엄마가 인생에서 경험한 것이 집약되어 있을 터다. 단순히 '논리적이지 않다' '사실이 아니다'라는 것만으로 엄마 말을 무의미하게 듣는 것이 아니라, 그 속에서 엄마의 감정을 파악해서 엄마를 좀 더 깊게 이해할 수 있게 된다면 좋을 것이다. 그리고 하나하나 행복한 경험을 더해가면 좋겠다고 이 여행을 통해 생각했다.

그동안 가족과 엄마의 친구분들을 중심으로 엄마의 관계를 만들어왔다.

그리고 2018년 7월, 우리는 엄마의 요양 서비스를 신청했다. 앞으로는 치매 환자 가족 모임에도 참가해서 관계를 더 넓히려고 한다. 이는 엄마뿐만 아니라 아버지와 내게도 무척 중요하다고 생각한다.

엄마는 새로운 관계를 맺으며 그림과 노래, 도예 등 요양 시설에서 새로운 취미를 만들 수 있을지도 모른다. 아버지와 나도 여유를 갖게 되면 좌절감을 느끼지 않게 될 터이다. 엄마가 치매에 걸렸다고 해서 아버지와 나의 시간을 전부 '간호'의 시간으로 만들고 싶지는 않다. 인생에 다양한 감정을 섞는 것이 필요하다. 그렇기 때문에 더욱 의식적으로 취미와 교류의 장을 만들고 유머를 마음에 새기면서 나도 확실하게 간토를 들어 올리고 싶다.

이 책이 세상에 나온다면 그것은 전적으로 엄마 덕분이다. 엄마는 치매 진단을 받은 지 약 2년 반이 지난 지금도 가족에 대한 깊은 애정을 유지하며 자존감 높게 살아간다.

(기억과 감정에 관한 뇌과학 기초지식)

『*Principles of Neural Science*』 Eric R. Kandel, James H. Schwartz, Thomas M. Jessell 저 McGraw-Hill (2000)

『*Cognitive Neuroscience: The Biology of the Mind*』 Michael S. Gazzaniga, Richard B. Ivry, George R. Mangun 저 WW Norton & Co (2008)

2 알츠하이머성 치매는 어떤 병일까

(알츠하이머성 치매의 기초지식)

Alzheimer's Association, 〈2015 Alzheimer's disease facts and figures〉, Alzheimer's & Dementia, vol. 11 (2015) p. 332~384

『알츠하이머-그 생애와 알츠하이머병 발견의 궤적アルツハイマーその生涯とアルツハイマー病発見の軌跡』 Konrad Maurer & Ulrike Maurer 저, 아라이 기미히토 감수, 기타우치 오루프릿히유미, 하타 쿠노프라오호마스미 번역, 호켄도진샤 (2004) - 원제: 『*Alzheimer*』

(아밀로이드 가설)

Simonm Makin, 〈The Amyloid Hypothesis on Trial〉, Nature. vol. 559, s4~s7 (2018)

(약의 효과)

마이니치신문 기사 〈'치매약 효과 없다' 프랑스 보건청 결단의 충격「認知症薬に効果なし」仏保健省決断の衝撃〉 2018년 6월 27일

(운동의 효과)

Paul A Adlard, Victoria M Perreau, Viorela Pop, Carl W Cotman, 〈Voluntary Exercise Decreases Amyloid Load in a Transgenic model of Alzheimer's Disease〉, Journal of Neuroscience Vol. 25 (2005) p. 4217~4221

3 '치료'가 아닌 '할 수 있는' 일은 무엇일까 - 뇌과학적 처방전

(디폴트 모드 네트워크)

Andreas Horn, Dirk Ostwald, Marco Reisert, Felix Blankenburg, 〈The structural-functional connectome and the default mode network of the human brain〉, Neuroimage, vol. 102 (2014) p. 142~151

(알츠하이머병에서 활동이 저하되는 뇌 부위)

Benjamin Lam, Mario Masellis, Morris Freedman, Donald T Stuss, Sandra E Black, 〈Clinical, imaging, and pathological heterogeneity of the Alzheimer's disease syndrome〉, Alzheimer's Research & Therapy vol. 5 (2013) p. 1~14

(프랜시스 골턴의 연구)

Francis Galton, F. R. S., 〈Psychometric experiments〉, Brain, vol. 2 (1879) p. 149~162

(자신이 위협받을 때 보수화된다)

Claude M. Steele, 〈The psychology of self-affirmation: Sustaining the integrity of the self〉, Advances in experimental social psychology, vol. 21 (1988) p. 261~302

(주체성과 행복)

Ellen J. Langer, 〈The illusion of control〉, Journal of Personality and Social Psychology, vol. 32 (1975) p. 311~328

(노인 요양시설 연구)

Ellen J. Langer와 Judith Rodin, 〈The effects of choice and enhanced personal responsibility for the aged: a field experiment in an institutional setting〉, Journal of Personality and Social Psychology, vol. 34 (1976) p. 191~198

(어포던스)

『신판 어포던스新版アフォーダンス』, 사사키 마사토 저, 이와나미쇼텐 (2015)

(눈이 보이지 않는 사람의 얼굴 기억)

『얼굴의 과학顔の科学』 Jonathan Cole 저, 모기 겐이치로 번역, PHP연구소 (2011) - 원제: 『*About Face*』, MIT Press (1999)

4 '그 사람답다'라는 것은 무엇인가 - 자기와 타자를 구분하는 것

(주체성의 뇌 기반)

Chlöé Farrer と Chris D. Frith, <Experiencing oneself vs another person as being the cause of an action: the neural correlates of the experience of agency>, Neuroimage, vol. 15 (2002) p. 596~603

(자신과 타인을 쉽게 혼동한다)

Daniel M. Wegner, <The mind's best trick: how we experience conscious will>, Trends in Cognitive Sciences, vol. 7 (2003) p. 65~69

(거울신경세포)

Giacomo Rizzolatti & Laila Craighero, <The mirror-neuron system>, Annual Review of Neuroscience, vol. 27 (2004) p. 169~192

(샐리와 앤 테스트)

Simon Baron-Cohen, Alan M. Leslie, Uta Frith, <Does the autistic child have a "theory of mind"?>, Cognition, vol. 21 (1985) p. 37~46

(고통의 공감)

Tania Singer, Ben Seymour, John O'Doherty, Holger Kaube, Raymond J. Dolan, Chris D. Frith, <Empathy for pain involves the affective but not sensory components of pain>, Science, vol. 303 (2004) p. 1157~1162

(기억의 외부화)

Linda A. Henkel, <Point-and-shoot memories: the influence of taking photos on memory for a museum tour>, Psychological Science, vol. 25 (2014) p. 396~402

(밀그램 실험)

『복종의 심리服従の心理』 Stanley Milgram 저, 야마가타 히로오 번역, 가와데쇼보신샤 (2012) - 원제: 『*Obedience to authority: an experimental view*』

(역할의 문제)

『예루살렘의 아이히만-악의 진부함에 대한 보고(신판)エルサレムのアイヒマン | 悪の陳腐さについての報告(新版)』 Hanna Arendt 저, 오쿠보 가즈오 번역, 미스즈쇼보 (2017) - 원제: 『*Eichmann in Jerusalem: A Report on the Banality of Evil*』

(안락사 문제, 치매 환자들의 시점)

Marike E. de Boer, Cees M. P. M. Hertogh, Rose-Marie Dröes, Ingrid I.

Riphagen, Cees Jonker, Jan A. Eefsting, <Suffering from dementia-the patient's perspective: a review of the literature>, International Psychogeriatrics, vol. 19 (2007) p. 1021~1039

(치매는 자신에 대한 위협)

Linda Clare의 논문 : <Managing threats to self: awareness in early stage Alzheimer's disease>, 게재지「Social Science & Medicine, vol. 57」(2003) p. 1017~1029

(알츠하이머병 환자들의 사회적 감수성)

Virginia E. Sturm, Megan E. McCarthy, Ira Yun, Anita Madan, Joyce W. Yuan, Sarah R. Holley, Elizabeth A. Ascher, Adam L. Boxer, Bruce L. Miller, Robert W. Levenson, <Mutual gaze in Alzheimer's disease, frontotemporal and semantic dementia couples>, Social Cognitive and Affective Neuroscience, vol. 6 (2011) p. 359~367

(알츠하이머병은 처음이 가장 힘들다)

Brian Draper, Carmelle Peisah, John Snowdon, Henry Brodaty, <Early dementia diagnosis and the risk of suicide and euthanasia>, Alzheimer's & Dementia, vol. 6 (2010) p. 75~82

『칸트의 생애カントの生涯』Jachmann, Reinhold Bernhard 저, 기바 진조 번역, 가도가와분코 (1953)

『치매에 걸린 칸트에게 이성은 있을까呆けたカントに「理性」はあるか？』오이 겐 저, 신초신쇼 (2015)

『*The life of Immanuel Kant* (1882)』J. H. W. Stuckenberg Amazon Digital services LLC. (2011)

『나이 듦이란 어떤 것일까「老いる」とはどういうことか』가와이 하야오 저, 고단샤+α분코 (1997)

5 감정이야말로 지성이다

(인격변화)

Sonya Laputz, <Caregiver Tips & Tools: Personality Changes in Dementia>, Alzheimer's Association, Number 30

(H.M.에 대해)

Larry R. Squire & John T. Wixted, 〈The cognitive neuroscience of human memory since H. M.〉, Annual Review of Neuroscience, vol. 34 (2011) p. 259~288

(감정은 신체다)

『데카르트의 오류 - 정동, 이성, 인간의 뇌デカルトの誤り｜情動、理性、人間の脳』, Antonio R Damasio 저, 다나카 미쓰히코 번역, 지쿠마가쿠게이분코 (2010) - 원제: 『*Descarte's error*』

(인지적 부조화)

Keise Izuma, Madoka Matsumoto, Kou Murayama, Kazuyuki Samejima, Norihiro Sadato, Kenji Matsumoto, 〈Neural correlates of cognitive dissonance and choice-induced preference change〉, Proceedings of the National Academy of Sciences of the United States of America, vol. 107 (2010) p. 22014~22019

(첫인상의 형성)

Janine Willis & Alexander Todorov, 〈First impressions: making up your mind after a 100-ms exposure to a face〉, Psychological Science, vol. 17 (2006) p. 592~598

(대통령선거는 어린아이가 예측할 수 있다)

John Antonakis & Olaf Dalgas, 〈Predicting Elections: Child's Play!〉, Science, vol. 323 (2009) p. 1183

(맹시)

John C. Marshall & Peter W. Halligan의 논문 : 〈Blindsight and insight in visuo-spatial neglect〉, 게재지「Nature, vol. 336」(1988) p. 766~767

(위루)

『치매에 걸린 칸트에게 이성은 있을까呆けたカントに「理性」はあるか？』오이 겐 저, 신초신쇼 (2015)

(벌의 정답률)

Martin Giurfa, Shaowu Zhang, Arnim Jenett, Randolf Menzel, Mandyam V. Srinivasan, 〈The concepts of 'sameness' and 'difference' in an insect〉, Nature, vol. 410 (2001) p. 930~933

(다중지능이론)

『MI : 개성을 살리는 다중지능이론個性を生かす多重知能の理論』 Howard Gardner 저, 마쓰무라 노부타카 번역, 신요샤 (2001) - 원제: 『*Intelligence reframed*』

(EQ)

『EQ-마음의 지능지수ＥＱ｜こころの知能指数』 Daniel Goleman 저, 쓰치야 쿄코 번역, 고단샤+α분코 (1998) - 원제: 『*Emotional intelligence*』

(그룹의 성적)

Anita Williams Woolley, Christopher F. Chabris, Alex Pentland, Nada Hashmi, Thomas W. Malone, 〈Evidence for a collective intelligence factor in the performance of human groups〉, Science, vol. 330 (2010) p. 686~688

(절망적 상황에서의 감정)

Susan Folkman & Judith T. Moskowitz, 〈Stress, positive emotion, and coping〉, Current Directions in Psychological Science, vol. 9 (2000) p. 115~118

(심리적 안전의 확보)

『볼비, 엄마와 아이의 애착-마음의 안전기지ボウルビィ 母と子のアタッチメント｜心の安全基地』 John Bowlby 저, 후타키 다케시 번역, 이시야쿠출판 (1993) - 원제: 『*A secure base*』

옮기고 나서

"아빠 영장 나와서 군대에 가야 하신단다."

"그래? 아빠는 청춘이네. 젊어서 좋으시겠다."

며칠 전 어머니와 나눈 대화다. 아버지는 또 이십 대 언저리에 다녀오신 모양이다. 아버지는 수시로 그렇게 오랜 과거로 홀로 여행을 하곤 하신다.

85세 이상이면 두 명 중 한 명은 치매 환자이고 나머지 한 명은 그 간병인이라고 한다.

여든을 훌쩍 넘기신 우리 부모님도 그 통계에서 벗어나지 않는, '평균'의 삶을 살고 계신다. 아버지는 이미 중증 치매에 접어들었고, 어머니는 몇 년째 간병인의 삶을 살아내고 계신다.

그래서 이 책을 번역하는 마음도 조금 남달랐다.

이 책의 저자는 치매에 걸린 엄마의 딸로서 그리고 뇌를 연구하는 뇌과학자로서의 두 가지 시각에서 치매에 접근한다. 뇌과학자인 저자는 치매 환자의 기억이 상실되는 과정이 뇌의 어떤 부위에서 어떤 작용으로 일어나는지를 뇌과학적으로 분석한다. 그리고 치매의 주변 증상이라고 불리는 의심, 착각, 배회, 공격성 등의 정신행동증상이 어떠한 심리적 상황에서 일어나는지도 논리적으로 설명해준다.

한편 딸로서 저자는 엄마의 사소한 변화 하나하나를 관찰하고 기록한다. 그러면서 저자는 '기억을 잃으면 그 사람의 자아도 사라지는 걸까'라는 철학적 질문을 던진다. 감정과 기억에 관한 다양한 심리학적 연구 결과를 분석하고 종합한 끝에, 기억을 잃어도 그 사람은 그 사람으로 존재한다는 것이 저자가 내린 결론이다. 결론의 핵심 키워드는 '감정'이다. 감정은 이성보다 앞선 지성이며 생존에 필수적인 능력이다. 감정이 건재한 이상 그 사람다움을 유지할 수 있고 여전히 행복한 삶을 살아갈 수 있다. 저자가 '그 사람다움'에 집착하는 이유가 바로 엄마를 관찰한 목적이고 이 책을 쓴 목적일 것이다.

그 목적은 바로 '치매 엄마와 행복하게 살아가기'가 아니었을까. 치매를 이해하고 엄마를 이해하고 그래서 치매에 걸린 엄마를 온전히 이해하게 됐을 때 진정한 의미의 함께 살기가 가능해진다. 함께 감정을 공유하고 새로운 즐거움을 찾아가는 과정은 치매 엄마와 행복하게 지내기 위한 과정이다. 번역을 마치고 나니 저자의 마음이 보이는 듯했다.

이 책은 치매에 관한 의학적 접근을 다룬 책이 아니다. 대신 치매 환자와 그 가족에게 실질적인 도움을 준다.

사실 이 책을 우리말로 옮기면서 내내 불편한 감정이 들었다. 치매 아버지를 대했던 나의 태도와 감정이 자꾸 떠올랐기 때문이다. 치매만큼 주변 사람을 슬프고 아프게 하는 병이 또 있을까. 치매 환자의 가족을 힘들게 하는 것은 기억의 소실보다 다양한 주변 증상이다. 의심하고 화내고 소리 지르고 집을 나가고. 이해하기 힘든 이런 이상행동은 실제로 감당하기 힘들 만큼 가족을 괴롭힌다.

'그래, 병이니까 어쩔 수 없어.'

나름 이성적으로 대한다고 생각했지만, 사실은 무심함이었음을 깨달았다. 아버지의 감정과 상황을 마음으로 이해하려는 노력을 하지 않았다. 이 책을 통해 아버지가 왜 그러시는지 하나하나 되짚어 머릿속에 그려보는 과정은 아버지에 대한 내 감정을 많이 변화시켰다. 집에는 매일 도둑이 들고, 아내는 사라지고 아내 모습을 한 여자가 주변을 어슬렁거리고, 딸들은 작당해서 아내를 숨겨두고 있고, 영장이 나와서 군대를 가야 하는데 내보내 주지를 않는다. 그렇게 혼란스러운 상황에서 나라면 어떻게 할까. 화를 내지 않을 수 있을까.

계속해서 가족을 부정하고 의심하는 환자 옆에서 가족 역시 마음의 상처를 입지 않을 수 없다. 나 역시 꽤 많은 상처를 입었다. 하지만 그러한 증상이 왜 발생하고, 어떤 의미인지를 안다면 상처는 훨씬 작고 가벼워진다. 부정적으로 보이는 환자의 이상 행동들이 사실은 혼란스러운 상황에서 자신을 지키기 위한 필사적인 행동이고 대처라는 것을 안다면 그 모습을 지켜보는 이의 마음도 달라질 것이다. 그 이유를 아는 것만으로 마음은 훨씬 부드러워진다. 이 책에서 가장 큰 도움을 받은 부분이기도 하다. 그것만으로도 아버지에게 받은 상처가 치유되는 기분이었다.

극단적으로 요양시설을 거부하는 아버지 그리고 그 뜻을 거부하지 못하고 꿋꿋하게 아버지 곁을 지키는 어머니. 어머니가 치매 아버지 곁을 지키시는 건 아마 이 책의 저자처럼 '함께 행복하기'를 바라는 마음이 어머니에겐 있기 때문인 듯하다. 치매가 어떤 질환인지 의학적, 과학적 지식은 없어도 거의 본능에 가까운 감정으로 아버지와 함께 사는 방법을 익혀가고 있을 터다. 끝이 없는 터널을 걷고 계시는 부모님을 지켜보면서 이 상황을 유지하는 것이 과연 옳은지 회의가 들지만, 판단은 어머니의 몫이라고 생각한다.

아직 책을 읽을 수 있는 상황이라면 무엇보다 치매 환자에게 먼저 이 책을 권하고 싶다. 자신의 상태를 알면 불안함도 줄어들 것이다. 본인이든 가족이든 치매에서 자유롭기는 힘든 것이 현실이다. 현재든 미래든 그러한 상황에 처했을 때, 마음의 준비를 하고 단련하는 데에 분명 도움이 되는 책이다.

치매 환자도, 그 가족도 조금 더 행복해지기를 바란다.

찾아보기

뇌과학자의 엄마, 치매에 걸리다

1판 1쇄 펴낸날 2022년 2월 22일
1판 2쇄 펴낸날 2023년 4월 14일

지은이 온조 아야코
옮긴이 박정임
편집 김소희
디자인 D. PAPER
펴낸곳 도서출판 지호
출판신고 2007년 4월 4일 제2018-000061호
전자우편 chihobook@naver.com
전화번호 02-6396-9611
팩스번호 02-6488-9611

ISBN 978-89-5909-075-4 03400